JN097542
図解よくわかる
スマート農業
デジタル化が実現する儲かる農業
日刊工業新聞社

⌘ はじめに

近年、日本の農業にもデジタル化の波が押し寄せています。農林水産省では、IoT（モノのインターネット）・AI（人工知能）・ロボティクスなどの先進技術を駆使した農業を「スマート農業」と位置付け、研究開発と普及を積極的に推進しています。スマート農業は農業就業人口の減少、農業者の高齢化、耕作放棄地の増加、収益性の伸び悩みといった日本農業の課題を解決する切り札として期待されています。

2019年は農水省などの支援を受けて研究開発が進められてきた自動運転トラクター、農業ロボット、農業用ドローン、生産管理システムなどが実用化し、実証事業などを通して普及へと動き始めました。そして2020年は、いよいよスマート農業技術が農業者の現場に本格的に導入されていくタイミングとなります。

スマート農業がブームとなる一方で、筆者が全国の農業地域を回っていると、多くの農業者から「スマート農業に関心があるが、どういう技術をどのように使えばいいか分からない」という悩みを伺います。多種多様なスマート農業技術が実用化されつつあり、農業者にとっては自らに適したものを選ぶのが難しい状況になっているのです。いかに優れたスマート農業技術であっても、きちんと使いこなせなければ、課題解決にはつながりません。また、黎明期から普及期への過渡期にあるため、製品・サービスによって技術成熟度やサポート体制に大きな差があることに注意が必要です。スマート農業を使いこなすには、しっかりと情報収集することが不可欠です。

本書では、スマート農業の現在地について具体事例を中心に紹介するとともに、スマート農業の導入ステップや失敗しないためのポイントを解説しています。加えて、農水省などによるスマート農業の研究開発支援、普及支援政策や、規制改革の方向性についても紹介します。スマート農業、IoT／AI、そして地域活性化に対する関心が高まる中、本書の内容が、スマート農業を導入して儲かる農業ビジネスを実現しようとしている農業者やビジネスパーソンに対して、少しでもお役に立てば、筆者としてこの上ない喜びです。

本書では、株式会社日本総合研究所に所属する農業・流通・食品・環境などを専門とする多くの研究員が執筆に参画しました。豊富な経験と鋭い発想力を基に、スマート農業の現状と活用方法について分かりやすく解説してくれた執筆者陣に感謝申し上げます。

本書の企画、執筆に関しては日刊工業新聞社の土坂裕子様に丁寧なご指導を頂きました。この場を借りて厚く御礼申し上げます。

最後に、筆者の日頃の活動にご支援、ご指導を頂いている株式会社日本総合研究所に対して心より御礼申し上げます。

2020年3月　株式会社日本総合研究所　創発戦略センター　三輪 泰史

⌘目　次

第3章　スマート農業の導入ステップ

第4章　スマート農業の“匠の眼”

第5章　スマート農業の“匠の頭脳”

第6章　スマート農業の“匠の手”

第7章　スマート農産物流通

第8章　スマート農業を後押しする政策・支援策

第9章　スマート農業の追い風となるトピック

Column

第1章

スマート農業をビジネスにする

成長産業化が進展する日本農業

農業は“儲かる”ビジネスへ

近年、個人・企業ともに農業に対する関心が高まり、農業ブームとなっています。農業というと衰退傾向の産業というイメージがあるかもしれませんが、農林水産省の統計を見ると、農業産出額はこの数年、回復の兆しが見えてきました（**図表**）。一時期8兆円台にまで低下した産出額は9兆円台に回復しましたが、2019年は足踏みしており、農業をV字回復させることができるかどうかの正念場なのです。

農業が上向きつつある要因の1つがアベノミクスで掲げられた「農業の成長産業化」政策です。生産性改革、流通改革、規制緩和などの施策が立て続けに実行され、農業の自由度が高まってきました。

その代表例が、農業参入の規制緩和です。2000年代初頭からの15年間にわたる複数回の規制緩和を受けて、企業の農業参入は急増し、参入事例（リース方式のみの集計値）は約3,000件を超えています。前述の農業ブームもあり、大手企業では、新規事業として農業ビジネスを検討しない企業の方が珍しいとも言えます。

合わせて、家族経営から法人経営への転換も増えており、全国で約2万戸の農業法人（農業サービス事業体などを含まない）が営農しています。それに伴い、全国で優秀な農業経営者が台頭し、業績を伸ばしています。農業参入や農業法人化の進展により、「ビジネスとして農業を営む」ことが“普通”になってきています。

また、世界的な日本食ブームも日本農業の追い風になっています。農産物輸出額は、残念ながら2019年度に1兆円という目標には届かなかったものの、大幅に増加しました。また、インバウンドの増加に伴い、外国人旅行客の日本国内での農林水産物、食品の消費量も増加し、“第二の農水産物輸出”ととらえることもできます。

ただ、明るい兆しの一方で、各種統計データを見ると、日本農業は課題だらけであることが分かります。例えば、農地の現状から見ていきましょう。高齢農家を中心とする離農の増加により、耕作放棄地（農作物が1年以上作付けされず、農家が数年の内に作付けする予定がないと回答した農地）が年々拡大しています。農水省の農林業センサスによると、1995年に24.4万haでしたが、2005年には38.6万haに、2015年には42.3万haにまで増加しています。これは、富山県の総面積4,247km^2（＝42.47万ha）に匹敵する面積です。

日本は農家1戸当たりの農地面積が狭いという弱点があるにも関わらず、他方で農地が余ってしまっているという矛盾をはらんでいます。その背景には、「後継者が不在」、「労働力不足により栽培できない」、「中山間地のため作業効率が悪い」といった理由があります。

需要面で大きなビジネスチャンスがあり、成功事例が次々と出てくる一方で、農業就業人口の減少や耕作放棄地の増加といった課題が山積しているのが、いまの日本農業の立ち位置なのです。

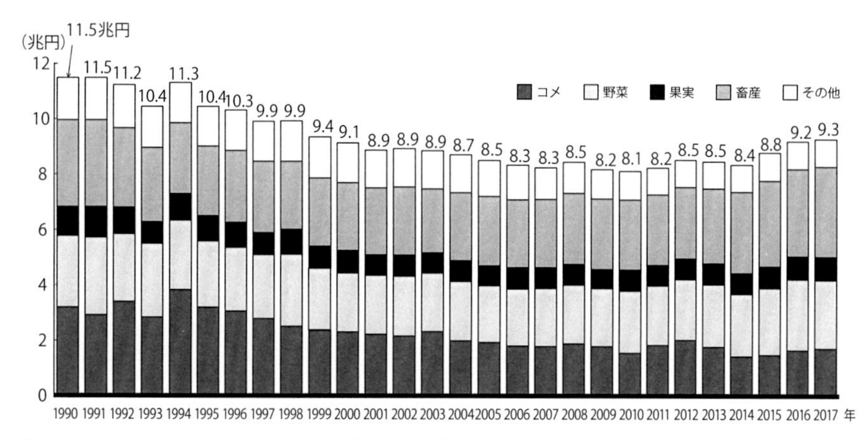

（注）１：その他は、麦類、雑穀、豆類、いも類、花卉、工芸農作物、その他作物および加工農産物の合計である。
２：乳用牛には生乳、鶏には鶏卵およびブロイラーを含む。
３：四捨五入の関係で内訳と計が一致しない場合がある。
参考：農業総産出額 ＝ Σ（品目別生産量×品目別農家庭先販売価格）

出所：農林水産省

図表：農業総産出額の推移

Point

- 日本の農業は大きな転換点に
- 農業参入や法人化の進展によりビジネスとして農業を営む主体が増加
- “儲かる農業”が今後の日本農業のトレンド

2 いま注目の“スマート農業”とは

IoT、AI、ロボティクスが変える農業像

スマート農業とは、ICT・IoT（モノのインターネット）・AI（人工知能）・ロボティクスなどの先端技術を駆使した新たな農業です。私たちの日常生活でもスマートフォン（スマホ）やスマート家電といった商品が普及してきましたが、農業分野においてもまさにいま、スマート化が進んでいるのです。スマート農業は、従来使われてきたハイテク農業や先端農業といった言葉と近い概念です。また、海外では「アグリテック（AgriTech）」や「アグテック（Ag-Tech）」とも呼ばれています。

代表例として、スマホで使える生産管理アプリ、人気ドラマのテーマにもなった自動運転トラクター、ベンチャー企業が活躍する農業用ロボットやドローンなどが挙げられます。スマート農業はIoTなどの先端技術によって、離農の増加による労働力不足や、新規就農者の技術習熟度の低さといった日本農業の直面する課題を解決しようとするコンセプトであり、少し大げさに言えば日本農業の“救世主”として期待されています。また、工業や情報通信産業の高い技術力を農業分野に活かそうという狙いもあり、まさに工業・農業の双方で高い技術を有するオールジャパンの取り組みなのです。

農水省は、2013 年 11 月に「スマート農業の実現に向けた研究会」を立ち上げ、スマート農業の将来像と実現に向けたロードマップの検討やスマート技術の農業現場への普及に向けた方策を明確化し、それを踏まえて研究開発や実証に対する積極的な支援・補助を行ってきました。2019年からはそれらの支援を通して実用化されたスマート農業技術を全国に普及するため、スマート農業実証プロジェクト（**53項**で詳述）が立ち上げられ、初年度は全国約70地域で成功事例の創出に向けた実証が進められています。更に、農水省の最新の「食料・農業・農村基本計画」（民間企業の中期経営計画に近い位置付けのもの）では、日本農業の活性化のカギとしてスマート農業が位置付けられており、農業者からの期待感はいっそう高まっています。

一方で、農業者（特にベテラン農業者）からは、スマート農業がどういうもの

なのか分からない、という声も聞かれます。ここで、農水省によるスマート農業の定義を見てみましょう。**図表**の通り、スマート農業の目的および目標として、①超省力・大規模生産を実現②作物の能力を最大限に発揮③きつい作業、危険な作業から解放④誰もが取り組みやすい農業を実現⑤消費者・実需者に安心と信頼を提供―の5点が示されています。このうち、①③④の3項目は農作業の効率化や労働力確保を主眼としており、また②④⑤の3項目は収益向上・付加価値向上を謳っています（④は双方に関係）。スマート農業というと大規模・効率生産というイメージを抱く方も多いと思いますが、実際のスマート農業は高付加価値化、ダイバーシティ、SDGsといった要素も含んでいることがポイントです。

① 超省力・大規模生産を実現
✓トラクター等の農業機械の自動走行の実現により、規模限界を打破

② 作物の能力を最大限に発揮
✓センシング技術や過去のデータを活用したきめ細やかな栽培（精密農業）により、従来にない多収・高品質生産を実現

③ きつい作業、危険な作業から解放
✓収穫物の積み下ろし等重労働をアシストスーツにより軽労化、負担の大きな畦畔等の除草作業を自動化

④ 誰もが取り組みやすい農業を実現
✓農機の運転アシスト装置、栽培ノウハウのデータ化等により、経験の少ない労働力でも対処可能な環境を実現

⑤ 消費者・実需者に安心と信頼を提供
✓生産情報のクラウドシステムによる提供等により、産地と消費者・実需者を直結

出所：農林水産省

図表：農林水産省によるスマート農業の定義

Point

- IoT、AI、ロボティクスなどを駆使したスマート農業が今後の日本農業の“一丁目一番地”
- 農水省の積極的な推進策を受けて、全国で普及が進む
- スマート農業は効率化と付加価値向上の双方に貢献

3 スマート農業の3分類

スマート農業を構成する匠の眼・頭脳・手

様々な研究機関や企業の努力もあり、多種多様なスマート農業技術が世の中に出回り始めています。一方で、初めてスマート農業に接する人の中には、いろいろありすぎて分かりにくいと悩んでいる方もいるようです。ここでは、筆者独自の分類法によって、スマート農業を大きく3つに整理しましょう（**図表**）。

①スマート農業の“眼”

スマート農業の眼とは、センサーなどを使って作物や農地などの状態をデジタルデータとして取得することです。

一例として、ドローンや人工衛星を用いて、上空から農地や作物の状態を見る「リモートセンシング」があります。ドローンや人工衛星に高機能なカメラ・センサーを搭載することで、可視光だけでなく赤外領域・紫外領域といった人間の眼に見えない波長もセンシングすることができます。取得したデータを分析することで、農作物の生育状況や品質、土壌の状態を様々な指標で見える化できます。また、ドローンで撮影した画像をAIで分析して、病害虫の発生の有無を瞬時に判断するシステムも実用化されています。

また、IoTを使ったセンサーを用いて、大気の状態（温度、湿度、日射量、降水量、風速、CO_2濃度など）や土壌の状態（地温、EC、pH、含水率など）を自動取得することが可能です。取得したデータはスマホやタブレットPCのアプリケーション（アプリ）でいつでも見られるため、圃場の見回りの手間を削減できます。

②スマート農業の“頭脳”

スマート農業の頭脳には大きく2つの機能があります。それは、「記憶すること」と「考えること」です。まず前者については、ウォーターセルのアグリノート、クボタのKSAS（クボタスマートアグリシステム）、富士通のAkisaiなど、すでに様々な農業生産管理アプリ（営農支援アプリ）が実用化され、普及が進んでいます。

一方で、AIやビッグデータの活用についてはまだ発展途上と言えます。前述の病害虫の診断のように比較的単純な判断は可能になっていますが、まだベテラン農家の匠の技を代替する水準には至っていません。裏返せば、いま技術開発のチャンスがある注目テーマとも言えます。

③スマート農業の“手”

スマート農業の手の象徴的存在が自動運転農機です。自動運転農機として、田植え機・トラクター・コンバインといった主要農業機械（農機）の中で、自動運転トラクターが先陣を切って商品化されました。GPSなどを活用して位置情報を把握し、無人で圃場内を走行・作業することができます。また、最適な走行ルートを事前に専用アプリで算出するため、農業者は煩雑なルート設定を行う必要がありません。

農業用ロボットの実用化も加速しています。例えば、田畑の畦畔（けいはん）などを自動で草刈りする除草ロボット（草刈ロボット）などの開発が進んでおり、更には筆者が提唱してきた多機能型農業ロボットMY DONKEYも各地で農業者による現地実証が進んでいます。

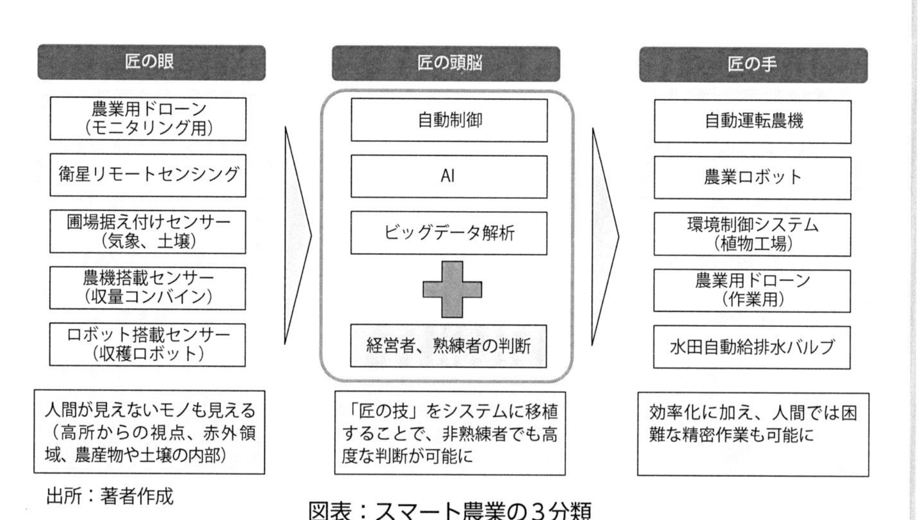

図表：スマート農業の３分類

Point

- スマート農業は匠の眼・頭脳・手の３つに分けられる
- センサー、ドローン、農業生産管理アプリなどは普及段階
- 自動運転農機や農業用ロボットもいよいよ商品段階に

4 2035年、日本は“農業者100万人時代”に

ピンチをチャンスに変える逆転の発想

農業の大きな課題の1つが、農業者の減少です。農水省の統計を見ると、農業就業人口（15歳以上の農家世帯員のうち、調査期日前1年間に農業のみに従事した者、または農業と兼業の双方に従事したが農業の従事日数の方が多い者）の数はかつて1970年には1,000万人以上でしたが、現在はおよそ200万人にまで減っています。つまり、50年間で5分の1にまで著しく減少しているのです。

農業者の減少には様々な要因があります。近年、農業者の高齢化が更に進み、農業者の平均年齢は約67歳、水田作に限れば70歳を超えています。会社員であれば定年後の再雇用も終わって第一線から引退するような年齢が、農業では“ど真ん中”の世代になるわけで、いかに農業界が高齢化しているかお分かり頂けると思います。

これまではベテラン農家が頑張って農業を続けてくれたことでなんとか農業者数の減少を緩やかにできたのですが、平均年齢の上昇にも限界があり、日本の農業を支えてきてくれたベテラン農家が雪崩のように離農してしまうという危機が迫っています。これは単に労働力が減少するだけでなく、ベテラン農家が長年培ってきた貴重な技術・ノウハウが途絶えてしまうという悪影響も生じます。

離農の増加に対して、新規就農者の数は十分ではありません。農業に対する関心の高まりを受けて年間5万人以上が新たに就農していますが、離農者を補うには至りません。このアンバランスの要因として、農家の後継者不在があります。農作業の大変さ、収入の低さなどを敬遠し、後継者候補が他産業に就職するケースが目立ちます。全国の農村地域を回っていると、ベテラン農家から「先祖代々の農家だが、子供には自分のような苦労はさせたくないので継がせなかった」という話をしばしば耳にします。

それでは、これから日本の農業者数はどうなっていくのでしょうか。日本総合研究所（菊地、2018）によるコーホート分析を用いた試算を見てみましょう（**図表**）。過去の傾向をベースに、農業の成長産業化の政策の効果を織り込んだシミュレーションモデルによると、2035年に農業就業人口は100万人にまで減少す

ると予測されています。農業者の割合が、ついに総人口の1%を割り込むような時代が目の前に近付いているのです。

これからの農業政策においては、15年強で農業者が半数になることを前提とした施策が不可欠となります。ただ、その際に重要なのが、単に農業者の減少を嘆くのではなく、その中にチャンスの芽を見出すことです。少し視点を変えると、農業者の減少は農業者1戸当たりの農地面積の拡大につながり、また農業者1人当たりの国内市場規模（≒1人当たりのお客さん）も拡大する、というポジティブな側面もあるわけです。

当然地域社会への配慮は不可欠ですが、スマート農業によって日本農業の課題解決を目指す際には、このようなピンチをチャンスに変える、大胆な発想の転換が必要です。

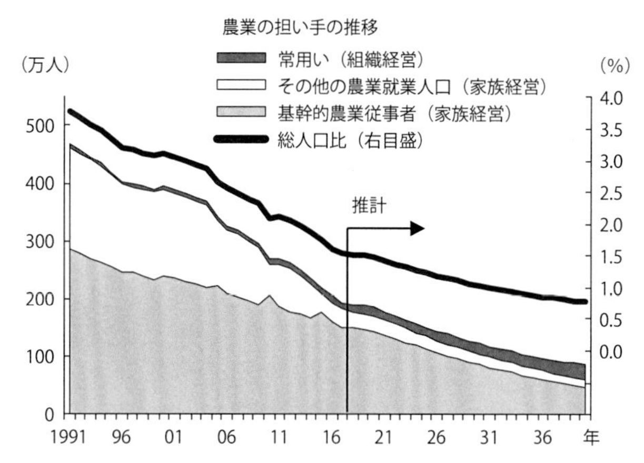

（注）1：家族経営就業者数は、農業センサスの5歳階級区分の就業者数を基に、コーホート分析から推計。組織経営の雇用者は、農業構造動態調査を基に、増加率で補完、延長推計。
2：基幹的農業者：農業のみ、または兼業で農業が主、普段の状態が主に仕事。
その他の農業就業人口：農業のみ、または兼業で農業が主、普段の状態が家事、育児等、仕事以外の者。
常雇い：主として農業のため、組織経営体に7ヵ月以上雇用された従業者。

出所：農林水産省「農業センサス」、「農業構造動態調査」、国立社会保障・人口問題研究所などの資料を基に日本総合研究所作成

図表：農業就業人口の将来予測

- 2035年に農業者100万人時代が到来
- 農業就業人口の減少は不可避な状況
- 農業者の減少を逆手に捉えた“前向き”な戦略が重要

5 なぜいま“スマート農業”なのか

日本農業の課題を解決する切り札

農業者100万人時代が近付く中、スマート農業の役割は今後一段と高まっていきます（**図表**）。

まず、1人当たりの農地面積が増えるチャンスを活かすためには、1人当たりの農作業の効率性を数倍に高めることが大事です。これまでも農業者は減少を続けてきましたが、それが必ずしも儲かる農業にはつながってきませんでした。なぜなら、従来と同じ作業体系では、例え農家1戸当たりの農地面積のポテンシャルが2倍になっても、2倍の時間を働くことはできないからです。そのため、営農を継続する農業者が受け皿になりきれない農地が耕作放棄地となってしまったのです。

スマート農業では農業者の作業の効率性が飛躍的に高まります。例えば自動運転トラクターを同時に3台動かせば、1人で1時間当たりに耕すことができる面積は3倍となります。また、作業支援型の農業ロボットを使えば、2人1組の作業を1人で行えるようになり、作業効率はおよそ1.5～2倍となります。

また、スマート農業は新規就農者の助けとなります。センサーを使ったモニタリング、生産管理アプリ、AIを使った診断、自動運転の農機やロボットなどは、ノウハウや操作技術の乏しい新規就農者の弱点を補い、即戦力とします。このようにスマート農業をうまく使って儲かる農業を実現できれば、早期に離農してしまうケースが減るとともに、新規就農者の数の増加につながると期待されます。これは、近年新たな制度が導入された外国人の農業者が日本の農業に早期に慣れる際にも役立ちます。

更にスマート農業は、従来は農業で十分に活躍することが難しかった人材にも貢献します。例えば、作業支援型の農業ロボットやアシストスーツは、豊富な経験を有するものの足腰が弱ってきたベテラン農家が第一線で活躍できる期間を延ばすことに役立ちます。自動運転農機で義務付けられている監視スタッフ（今後、遠隔での監視が認められる方向）やドローンパイロットでは、車いす利用者などの体が不自由な方でも活躍することができます。また、生産管理アプリを活用して、作業の見える化と作業内容のバトンタッチが容易になれば、働ける時間が限られている子育て中の女性でもパート形態で働くことができます。将来的に、農業を愛する者すべてが儲かる農業を行えるのが理想形です。

加えて、スマート農業は農産物の付加価値向上にも貢献します。高度に管理された施設園芸（植物工場を含む）では、消費者のニーズに合わせて高糖度の農産物や機能性成分を多く含む農産物を栽培しています。また、ドローンなどによるモニタリングデータを分析して施肥量・配合を変えることで、均質な商品を作ることも可能です。更に、スマート農業技術を使えば、栽培環境、生育状況、作業内容（施肥、農薬散布など）を見える化し、SNSやウェブサイト、もしくは店頭のデジタルサイネージなどを通して消費者、実需者に伝えることができます。これにより、安心・安全への配慮や品質向上に対する努力を消費者に訴求することができ、ブランド価値の源泉とすることができるのです。

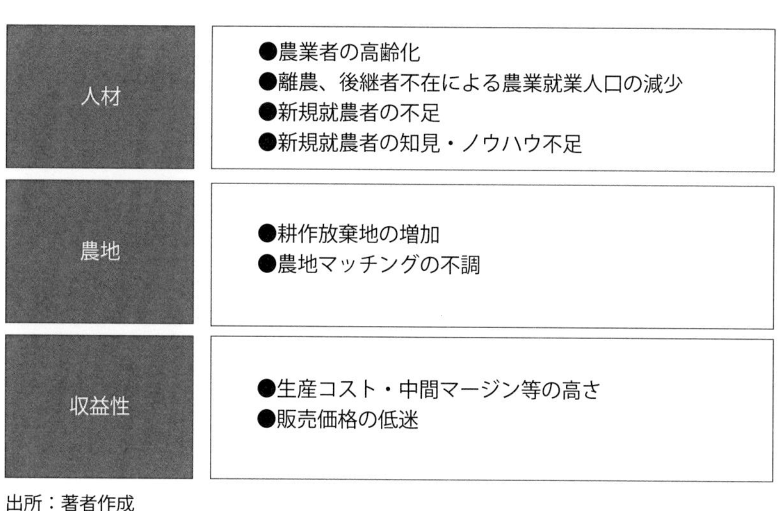

出所：著者作成

図表：日本農業が抱える課題

Point

- 農業者が減ってもスマート農業で効率的な農業生産が可能に
- データ分析に基づく高度管理で農産物のブランド価値を向上
- 重労働から解放され、様々な人材が農業に参画可能に

6 日本型スマート農業

大規模化だけでない。アジア市場へと躍進

日本のスマート農業は、大規模・超効率な農業を目指すだけではありません。日本は環太平洋造山帯と呼ばれる造山帯に属しており、国土の70%以上を急峻な山地が占める、言わば山岳国家です。全国の約40%の耕地・農業者が中山間地域に集中しており、その土壌、気象、標高差などの地域特性を活かした独自の農業が営まれています。

地域の特徴から生まれた多種多様な品種や、安心・安全を担保しながら高品質な農作物を栽培する熟練農業者の匠の技術は、米国や豪州などの農業大国にはない日本独自の農業の強みです。これらの強みを維持し、更に磨き上げるスマート農業技術の社会実装が政府方針のもと、急速に進められています。2019年6月に閣議決定された成長戦略においても、中山間地域を含め様々な地域、品目に対応したスマート農業技術の現場導入の推進が謳われ、大規模な実証事業が全国的に展開されています。

具体的な技術としては、最大40°の傾斜まで対応可能なリモコン式の草刈機が開発されたり、熟練農業者の作業がICTにより見える化され、ノウハウという暗黙知が形式知になることで若手農業者の技能向上が早くなるなど、一定の成果が出てきています。他にも、圃場や気象の状況をセンサーでモニタリングし、施肥のタイミングの適正化や病害虫の発生の予察につなげるなど、農業経営を下支えする技術基盤が整備されています。

このように、日本のスマート農業は大規模化・効率化一辺倒ではなく、中小規模の農業者の付加価値向上にも貢献しています。

独自の発展を遂げている日本型スマート農業は、アジアをはじめとするグローバル市場において、大きく花開く可能性があります。アルプス・ヒマラヤ造山帯に位置する東南アジアは、日本と同様に中山間地域が多く存在し、地域特有の農業が営まれています。日本は南北に長く、標高差が大きいため、地域ごとに気候が大きく異なります。まさに日本農業はアジア農業の縮図なのです。

またアジア各国ではかつての日本と同様に、工業化・経済成長とともに都市部

への人口流入と都市部と農村部の貧富の格差拡大が起こっており、脱労働集約・格差是正の色彩の強いスマート農業への期待が高まっています。

このように日本型スマート農業技術は、類似した営農環境にある東南アジア諸国の農業の維持・拡大にも貢献すると期待されており、日本にとって大きなビジネスチャンスと言えます（**図表**）。スマート農業との組み合わせにより、日本の優れた品種や栽培ノウハウなどの海外展開が容易となり、将来東南アジア諸国でも、おいしく、安心・安全が担保された日本式の農産物を効率的に現地生産できる日が来ると期待されます。スマート農業技術を活かした「日本式農業モデル」については、**62項**で詳しく解説します。

共通点	農家1戸当たりの農地面積が少ない
	中山間地が多い（傾斜地が多い）
	稲作が主体（アジア型の気候）
	野菜栽培、果樹栽培では手作業が中心
部分的な共通点	産業の発展に伴い、農業人口が減少（日本が先行して減少が進んでおり、アジアの一部でも工業化に伴い減少が徐々に進展）

出所：著者作成

図表：日本農業とアジア農業（東南アジア等）の共通点

- 多種多様な品種と熟練農業者の技術が日本の農業の強み
- 政府方針のもと、これらの強みを磨き上げるスマート農業技術の実用化・現場への導入が加速
- 南北に長く、標高差の大きい日本農業は「アジアの縮図」。グローバル市場で更に花開く可能性も

Column 1

GAPの本質

本コラムでは、東京オリンピック・パラリンピックの食材調達で注目されているGAPについて解説します。

GAPとはGood Agricultural Practiceの略で、日本語では農業生産工程管理と称されます。GAPは、農業における食品安全、環境保全、労働安全などの持続可能性を確保するための生産工程管理の取り組みのことです。GAPは第三者機関による認証で、ドイツのFoodPLUSGmbHが策定したグローバルGAPや、日本GAP協会が策定したアジアGAP・JGAPなどがあります。また、都道府県がGAPに準じる制度を設けている場合もあります。

GAPの意義として、**図表**の通り、農業生産の工程をしっかりと管理することによる、管理レベルの向上、生産性の向上、農業者の意識向上、的確な人材育成といったものが挙げられます。

一方で、GAPを農産物のブランド化の手法と考えるのはあまり適切ではありません。GAPは生産工程管理の手法であり、製造業におけるISOのマネジメントシステム規格などと同じように、生産活動のベースとなるものです。その点で、安心・安全や環境配慮といった価値を訴求する有機農産物や、特別栽培農産物といった国の制度、もしくは地域独自の農産物ブランドとは意味合いが異なります。GAP自体は農産物ブランドのツールではなく、適切に管理されていることを証明する"通行証"のような制度と言えます。

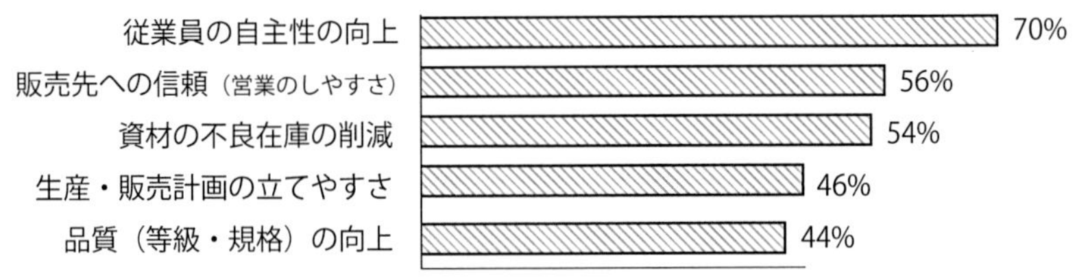

出所：「GAP導入による経営改善効果に関するアンケート調査結果」（2013年1月　農業・食品産業技術総合研究機構）、農林水産省生産局農業環境対策課

図表：GAP実施による経営改善効果

第2章

農業ビジネスの始め方

7 合言葉は“農業ビジネス”

“儲かる農業”と“儲ける農業”は違う

農業参入や農業法人化の進展で、農業をビジネスとしてとらえ、しっかりと収益を上げようと考える農業者が増加しています。そのようなトレンドの中、各地で様々な儲かる農業の事例が生まれています。新技術の導入やマーケティングに積極的な農業参入企業・農業法人が成功を収め、農業が“農業ビジネス”へとステップアップすることで、地域に新たな特産品が生まれたり、地域の観光振興につながったりと、地域経済によい影響を与え始めているのです。

以前は一部で「農業で儲けるなんて下品だ」と批判する意見も聞かれましたが、最近は「収益を上げて雇用を確保することは地域に活力を与える」という肯定的な認識が広がっています。農業としっかりと向き合って収益を上げていく“儲かる農業”は、利益至上主義的に単に収益性ばかりを追求する“儲ける農業”ではありません。農業者が誇りを持って農業を営み、十分な生活資金を得られるようになる、ということが重要です。

特に農業参入企業や農業法人は、毎月従業員に給与を支払う必要があるため、しっかりと計画的に稼ぐことが欠かせません。また、ベテラン農業者の離農に伴ってこのような地域の中核となる農業者に農地を預けたい・譲りたいというケースが増えており、その受け皿になるためにも、きちんと収益を上げていることが重要となっています。また、儲かる農業は、「農業で稼いで農村で暮らしていこう」と考える若者やUターン・Iターン人材などを地域に引き付けることにもつながります。

儲かる農業ビジネスを実現するためには、ビジネスモデルを再構築することが必要です（**図表**）。単純に農作物をたくさん作れば儲かる、というものではありません。ビジネスモデルを明確化して事業計画を策定し、①単価向上②単収向上、とともに、③コスト低減を実現させることが不可欠です。従来、①②③の各目標は時に相反するものでした。例えば、人手をかけて丁寧に栽培することで品質を高めて単価を向上させることに成功しても、その反面コスト（人件費）も上昇してしまった、という事態がよく見られます。これから紹介していくスマート農業技術をうまく活用すれば、農産物の品質向上と生産性向上を両立することが可能であり、上記の①②③のそれぞれを実現することができます。

また、儲かる農業ビジネスにおいては、「いかに売るか」も重要なポイントとなります。インターネット販売や直売所の存在感がいっそう増しており、農業者が消費者に対してダイレクトに農産物を販売することが容易となっています。ただし、その際に単に商品を出品しただけでは、期待するような値段では売れません。近年、消費者の農産物消費に対するニーズはより高度化しており、いわゆるモノ消費からコト消費への移行が進んでいます。つまり、消費者は農産物を食べることに加えて、それに付随するストーリー（コト）を食べているのです。そのため、SNSを活用して消費者向けに積極的にメッセージを発信している農業者の商品がヒットしたり、オイシックス・ラ・大地のように農業者のこだわり・創意工夫をしっかりとアピールするインターネット販売が業績を伸ばしたりしているわけです。

これから紹介していくスマート農業は、単なる生産効率化のツールではありません。計画立案から販売までのバリューチェーンの各所で効果的にIoTやデータを活用することで、収益向上とコスト低減を実現し、利益率の向上を実現できる仕組みです。

生産面	生産性向上	●適切な栽培管理による単収向上 ●作業効率化による経営面積の拡大（1人当たりの作業可能な面積増加に伴うもの） ●作業効率化による人件費削減 ●資材利用の最適化による資材費削減　など
	付加価値向上	●高度な栽培管理による品質向上 ●生育状況のモニタリングに基づく最適なタイミングでの収穫 ●有機栽培、特別栽培などの認証、地域ブランドの認証取得 ●コト消費向けのストーリーの収集　など
販売面		●品質の高さ、独自の栽培方法、地域特性などを活かしたブランド化 ●SNSなどを活用したコト消費向けの価値訴求 ●消費者と直結するダイレクト流通　など

出所：著者作成

図表："儲かる農業"のポイント

Point

- これからは"儲かる農業"が当たり前に
- 「収入を増やし、費用を減らす」という当たり前の経営を
- スマート農業は効率化だけでなく、経営全体にインパクトを与える存在

8 農業の始め方〈新規就農〉

自ら農場を始めるか、農業法人に就農するか

新たに農業を始める（新規就農する）際には、主に①親元に就農するパターン②自分で農場を開くパターン③既存の農業法人などに就農するパターン—の3つがあります（**図表**）。

まず、親が農業者（実家が農家）の場合には、親元就農するのも有効な選択肢です（もちろん、②③のパターンを選択することも可能）。そもそも、かつては親元就農が基本でした。親や祖父母から栽培技術を学ぶことができ、農地や農機を独力で揃える必要もありません。販路開拓も独自で行う必要はないため、安心して農業を始められる点が特徴です。また、将来的に後継ぎとして経営者になることが一般的です。

一方で、最近は自分の実力やアイデアを試してみたいという独立志向の高い若手も増えており、早めに経営継承したり、親から農地の一部を譲り受けて独立したりする事例も増えています。特に、本書のテーマであるスマート農業やインターネット販売・SNSの活用といったデジタル技術については、若手の方が知見・ノウハウが豊富なことも少なくありません。

次に親が農業者でない場合を説明しましょう。まずは、個人で始めるパターンを見てみましょう。この場合、自分で農地と資金を確保し、農場を開くことになります。はじめから一国一城の主となれるため、ある程度年齢の高いUターン・Iターン人材（例：退職後の会社員）ではこのパターンを選ぶことも多いようです。

ただし、自力で農地や資金を確保するのは大変です。もちろん、農業技術も自ら学ばなければなりません。いきなり自ら農場を開く場合には、農業大学校や民間の農業研修機関で技術をきちんと体系的に学ぶことを強くお勧めします。趣味で長年土いじりをしてきたという方もいるでしょうが、仕事としての農業と家庭菜園とでは、規模が大きいだけでなく、法令や規格の遵守、営業活動など求められるスキルがかなり異なります。また、農業を始める時の資金を借金して調達する（もしくは大事な貯蓄や退職金などを切り崩す）ことから、人生における一大

決断となります。

このように個人で農業を始めるにはハードルが高いため、最近はまず農業法人や農業参入企業に就職するケースが増えています。この方式であれば、いきなり多額の借金をして自前の農地や農機を揃える必要がなく、また先輩から技術指導を受けることができます。特に大規模農業法人や面的に農場を展開する農業参入企業では、新規就農者に対する研修メニューが充実しています。また、前職や学校で農業以外のノウハウを獲得している方は、それを活かして農業法人の競争力強化に貢献することも期待できます。

人によっては、このような法人・企業で経験を積んだ上で、将来的に独立したいという意向を持っています。農業法人の中には一定期間働いた後に独立することを推奨しているところもあり、販路を含めてのれん分けしてくれるところもあります。

国、自治体、民間企業などが主催する就農支援イベントでは、農業法人から直接人材育成制度や基本的なキャリアパスについて話を聞くことができるので、足を運んでみてください。

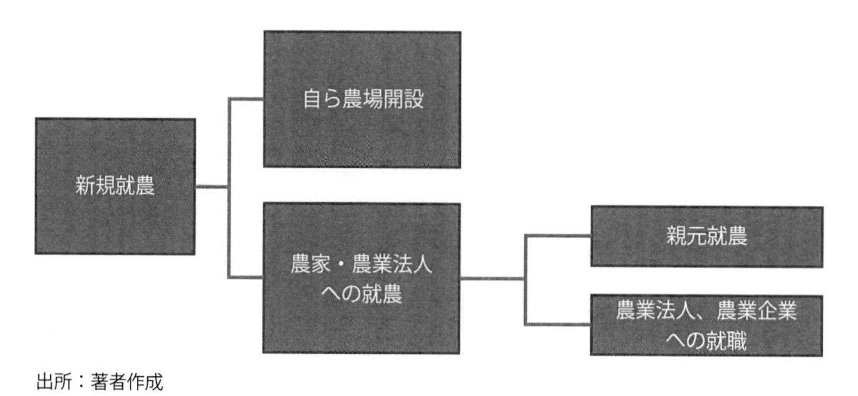

出所：著者作成

図表：新規就農のパターン

- 近年のトレンドは農業法人や農業参入企業への就農
- 安定的な給与を得られる形でのスタートであり、ハードルが低い
- 将来的な独立、のれん分けを推奨する法人・企業も存在

9 企業の農業参入モデルの分類

農地を「借りる」か「買う」かが参入形態の分かれ目

農業参入モデルを紹介するに先立って、農業者の分類について見ていきましょう。農業を営む主体は**図表**のように分類されます。農産物を栽培する農業者はまず家族経営農家（個人農家を含む）と農業法人に分類されます。更に農業法人は一般法人（農外企業等）と農地所有適格法人（旧称・農業生産法人）に分かれます。

2000年以降、農業分野における規制緩和を受け、農業に参入する企業が増えています。外食企業、小売企業、鉄道事業者、ゼネコンなど、様々な業種の企業が農業に参入しています。

農業参入の追い風となっている規制緩和について、これまでの経緯を見てみましょう。企業の農業参入が解禁された2000年の農地法改正では、農地を借りる「リース方式」のみが認められました。ただし、この時の規制緩和では借りられる農地は地域の農業者が利用しない条件の悪い農地に限定されており、企業側からの評判はいまいちでした。しかし、2002年、2005年に段階的な規制緩和がなされた後、2009年の農地法改正により、原則としてどのような農地でもリース方式により借地可能となりました。このような矢継ぎ早の規制緩和を受け、農業参入が加速しました。

農業参入には農地を借りるリース方式の他に、農地を所有する方式もあります。ただし、一般の企業（一般法人）は農地を所有することはできません。農地を所有できるのは農地所有適格法人に限られています。2001年に株式会社形態（株式の譲渡制限のあるものに限る）の農業生産法人が認められ、農業者と企業が合弁で農業生産法人を設立し農地を所有することが可能となりました。当初は企業（一般法人）の議決権の上限は10%でしたが、2009年の規制緩和で25%に引き上げられました。2016年の規制緩和では、更に50%未満にまで緩和されました。農地所有適格法人の要件については、議決権比率以外にも、構成員要件や業務執行役員要件が定められています。大手小売企業、外食企業、鉄道事業者などが本方式で農業参入しています。

更なる議決権比率の上限の引き上げを求める意見もありますが、筆者としてはまずは企業が農業ビジネスを始めやすい合格ラインには到達している、と評価しています。

このような企業の農業参入は、スマート農業との親和性が高いと言えます。異業種の農業参入企業がスマート農業を取り入れ、技術・ノウハウをデータ化したり、栽培などに自動化技術を取り入れることで、高度な栽培技術を有する農業経験者の不足を補うことができるからです。特に、全国で複数の農場を展開している農業参入企業では、農場間でのノウハウ共有や統一的なマネジメントのためにスマート農業の1つである生産管理システムを積極的に導入するケースが多く見られます。

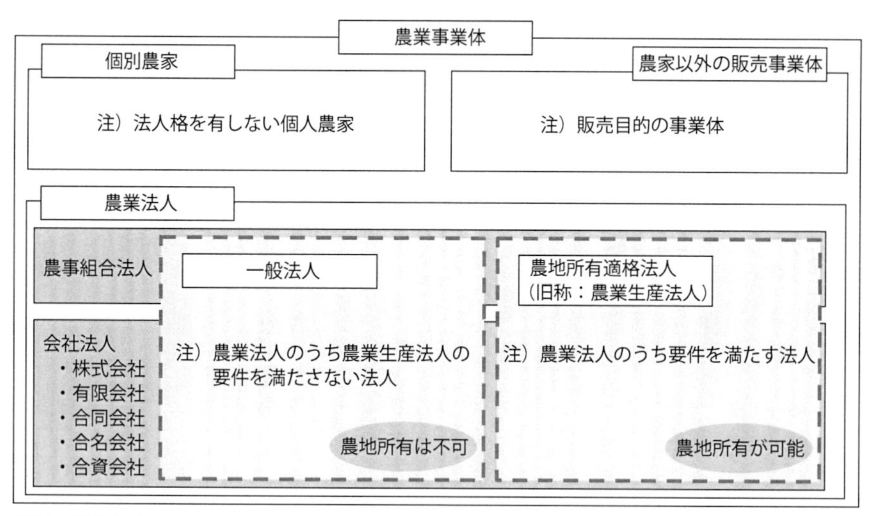

出所：著者作成

図表：農業法人の分類

- 農地を借りるリース方式は一般企業でもOK
- 農地を取得する場合は農地所有適格法人となる必要あり
- 農地所有適格法人は様々な要件あり。本当に農地を所有する必要があるかを精査しよう

10 農地を確保するには

計画に合った農地を用意しよう

農業を始めるには、栽培のための土地が必要です。栽培を行う土地としては「農地以外」と「農地」の選択肢があります。

前者については、工場や会社施設の遊休地や家庭菜園が相当し、所有者の意志で栽培が可能です。しかし、これらの土地は固定資産税・地代の面では費用が農地よりも高くなり、規模拡大にも限界があります。そのため、一般的に農業は後者の「農地」で営まれています。日本では「農地法」という法律で「農地」という土地区分が定義されており、固定資産税率が低く設定されるなど維持費用面でメリットがあります。事業としての農業を営むのであれば、農地を確保する方が経営的に有利です。

農地は地域ごとにある行政組織である「農業委員会」が農地基本台帳に登録して管理しています。農地法の定義では、農地は「耕作の目的に供される土地」とされ、現在耕作されている土地だけでなく、休耕地や耕作放棄地なども含まれます。地目が「田」、「畑」であるかによらず、農業委員会が農地として管理している土地は農地として扱われることに注意が必要です。

農地は税メリットがある一方、耕作以外の目的での利用や売買については厳しく制限が課せられています。農業を始めるにあたって農地を取得または賃借する場合、地域の農業委員会の許可を得る必要があります。実際に農地を確保するにあたって、まずは参入しようとする地域の自治体の新規就農窓口や農業委員会、地域の農業協同組合などに相談するのがよいでしょう（**図表**）。「何を作りたいか」、「どのように作りたいか（施設園芸か／露地栽培か、1年を通じて栽培するのか／一時期か）」、「将来どれくらいの規模の経営を目指しているのか」などの要件で適した土地が変わりますので、自らの考え（「営農計画」といいます）をまとめておくことが重要です。

農地確保には「農地取得（売買）」と「農地リース（賃貸）」の2つの方法があります。個人の場合、農業参入の要件を満たしていれば農業委員会から「農業者」として認められ、農地の取得やリースが可能になります。法人の場合、農地のリースは賃借契約に解除条件が付されていることなどの要件が満たされれば可能ですが、所有については「農地所有適格法人」に限定されます（**参考資料**に概要記載）。

農地の取引には一般の不動産のような「相場」がなく、基本的にはすべて個別案件ごとに条件が決まります。農地の取引を活性化させるために各地で公的な「農地中間管理機構（農地バンク）」制度が設けられていますが、これらが扱っている農地はごく一部で、必ずしも希望要件に合致する物件がすぐに見つかるとは限りません。条件のいい農地は地域のネットワーク内で紹介・取引されることも多いため、時間をかけて地域との関係を構築し、先輩農業者や地主から農地の紹介を受けることも1つの方法です。

相談・情報収集先	概要	設置箇所
農地中間管理機構（農地バンク）	農地を借りたい人と貸したい人を仲介する組織・制度	各都道府県に設置 ホームページからアクセス可能
新規就農相談センター	農業を始める方法や公的な支援等、様々な情報を提供する総合的な相談窓口。自治体担当部局、農業委員会と連携している	各都道府県の新規就農窓口とあわせて設置、とりまとめ機関として「全国新規就農相談センター」もある https://www.be-farmer.jp/
全国農地ナビ	一般社団法人全国農業会議所が日本全国の農地の状況を取りまとめ、インターネット上で公表。新規就農相談センターとも連携	全国農地ナビ https://www.alis-ac.jp/
各地の農業協同組合	本部または地域拠点で就農相談を受け付けている	各地域
コンサルタント会社	就農支援を行う民間コンサルティング会社が農地確保の支援を行うサービス	コンサルタント各社に問い合わせ

出所：各機関ホームページ等の情報を基に日本総合研究所作成

図表：農地確保の相談・情報収集先の例

Point

- 目指す農業の姿によって適切な農地の条件がかわることに注意（農地法などの関連法制度もきちんと確認しよう）
- 農地確保の手段は「取得」と「リース」の2つ
- 要望条件に合う農地の確保には時間がかかることも

11 農業技術の学び方

学校や研修機関を活用した体系的な技術取得

農業ビジネスを始める際、農業経験のない新規就農者にとっては、農業技術の取得が大きな障壁となります。農業技術の取得には様々なやり方がありますが、まずは学校や農業法人などを学びの場とすることが一般的です。

農業を学ぶ学校には農業高校、農業大学校などがあります。農業高校は全校に約300校あり、約8万人の高校生が農業の基礎的な知識や技術などを学んでいます（食品産業向けのコースを含む）。今後、農業高校のカリキュラムの中にスマート農業が組み込まれる方針で、最新の技術を学べる貴重な場として、存在感をより増していくでしょう。

社会人でも入学できるのが農業大学校です。公立の農業大学校が全国42道府県に設置されています。農業大学校では2年間で2,400時間以上の履修が標準的で、そのうち半分が実習に充てられて、実践的に農業を学べることが大きな特徴です（**図表**）。他にも、1～2年間かけて農業技術を取得する養成課程、研修課程や、1日から学べるコースが設けられている場合もあり、就農希望者の状況に合わせたコース選択が可能です。学科は地域により様々ですが、一般的には水田作、園芸作（野菜・果樹・花卉（かき）など）、畜産の3つが設置されています。在学中に農耕車の大型特殊自動車免許やけん引免許の取得を目指す大学校もあり、農業法人・企業への就職の際には強みとなります。

農業法人や農業参入企業などのもとで農業技術を学ぶ場合には、研修生として研修を受ける方法と、就職する方法があります。前者は、将来的に農業で独立することを前提とし、農業法人などが運営する研修施設に入って農業を学ぶものです。研修期間中の待遇や条件は研修先によって異なり、手当や研修費が発生する場合もあります。後者は組織の中で農業をしたいと考える就農者に向いており、従業員として安定的に給与を得ながら技術を取得できるというメリットがあります。

受け入れ先を探すにあたっては、情報収集の場として、就農支援イベントや相談窓口を活用することができます。「新・農業人フェア」は、全国から農業法人や相談員などが集まる就農相談会で、年に複数回、東京や大阪で開催されています。就農相談窓口としては、「新規就農相談センター」が47都道府県に設置されています。

農業技術を学ぶにあたっては、国の助成制度による支援があります。「農業次世代人材投資資金（準備型）」は、公立の農業大学校等の研修機関などで農業を学ぶ就農希望者に、年間最大150万円（最長2年間）を交付する制度です。「農の雇用事業」をはじめ、就農者の農業技術取得をサポートする機関に対しても、支援制度の充実が図られています。都道府県・市町村独自の支援制度がある場合もあるため、政策的支援を活用するにあたっては、相談窓口などを活用しながら情報を集めることが不可欠です。

	対象者	標準的な履修時間	教科	学習の方法
養成課程	高校卒業程度の学力を有する方	2年間2,400時間（80単位）以上	分野に応じた専門課程（稲、畑作物、野菜、果樹、花卉、酪農、肉牛、養豚、養鶏等）	講義、演習、実験と実習がおおむね半分ずつ
研究課程	農業大学校養成課程卒業生や短大卒業者	2年間2,400時間（80単位）以上（※1年間の学校もある）	分野に応じた専門課程（稲、畑作物、野菜、果樹、花卉、酪農、肉牛、養豚、養鶏等）養成部門で学んだ学習内容を更に深め、高度な農業技術や経営能力等を養成	講義、演習、実験と実習がおおむね半分ずつ
研修課程	技術・知識の向上を目指す農業者の方や就農を希望する方	1日～数週間程度（コースにより異なる）	各分野ごとにコースが設置（農業技術、農業機械操作、経営管理、農業体験等）	受講者の経営の発展段階、受講者のニーズ等を踏まえて学習を実施

出所：農林水産省ホームページ

図表：道府県の農業大学校における研修教育

- 社会人の就農希望者は農業大学校の積極的な活用を。各自の状況に合わせたコース選択が可能
- 国・自治体の就農フェアでの相談が第一歩
- 技術習得後の独立・のれん分けに積極的な農業法人や農業参入企業への就職も有効な選択肢

12 外国人材の有効活用

若手が少ない農村地域の労働力不足に対応

前述の通り、国内の就農人口は減少傾向にあり、労働力の確保が喫緊の課題となっています。そこで日本人の農業者不足を補完するため、国内農業における外国人材の就農が増えており、技能実習生を中心に、2011年から2018年の間に2倍近くまで増加しています（**図表**）。

技能実習生は、外国人技能実習制度で受け入れている外国人材です。外国人技能実習制度は、開発途上国などへの技能・技術移転および人材育成の支援を目的とするもので、これまで多くの外国人材が日本の優れた農業技術を習得して帰国しました。

一方で、制度が悪用され、単なる“安い労働力”として使われているとの指摘もあります。外国人材が劣悪な労働環境に置かれる事例が散見され、国際的に問題視されているという側面もあります。長時間・低賃金での労働を強いられる実習生もいると言われ、日本の事業者が提訴されたケースもあります。もちろん制度を適切に運用し、外国人材のレベルアップに貢献しているケースが少なくありませんが、技能実習制度は安価な労働力確保のために使われることが多々あり、制度の目的が実態に合っていないとの批判がありました。

そこで、外国人材を労働力として受け入れるための制度として、2019年4月、特定技能制度が新設されました。この制度の目的は、相当程度の技術水準を備えた人材を日本における労働力として確保し、国内の深刻な人手不足に対応することです。入国時の試験にて技能水準・日本語能力水準が一定程度に達していると認められた外国人材を受け入れるため、即戦力として活躍できる人材の獲得が期待されます。

特定技能制度による人材の受け入れが可能なのは、外国人材が真に必要な分野として認められた14の特定産業分野であり、農業分野も受け入れ可能分野の1つとして挙げられています。農業分野で受け入れる場合、耕種農業および畜産農業全般の農業技能測定試験が課せられます。業務内容としては、耕種農業では栽培管理、畜産農業では飼育管理を含むことが必要とされており、農業の知識や技術を有する人材の確保が期待されます（**参考資料**で概要記載）。

外国人材は、スマート農業の担い手としても期待されており、農業ロボットやドローンなどを操作する外国人材も出始めました。外国人材の受け入れ方針として、政策的には「専門的・技術的分野」での受け入れを積極的に推進する方向性が示されており、今後は技能実習制度による受け入れ以上に、特定技能制度による受け入れが進むと予想されます。

農業分野においては、特定技能制度を活用して2019年からの5年間に36,500人を受け入れることが見込まれています。ただし、従来の技能実習生よりもコスト負担が大きいため、政府の想定よりも活用が進んでいません。今後、本来の目的から逸脱した技能実習生の労働については、厳しくチェックされるようになっていくでしょう。

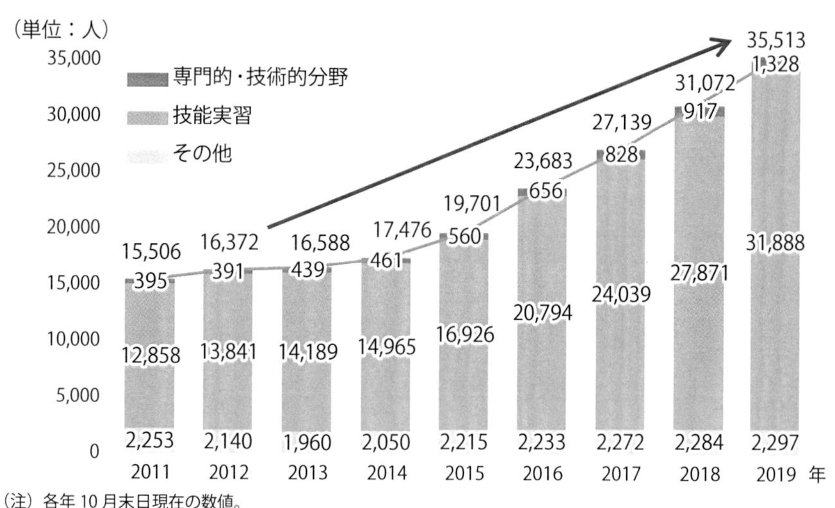

（注）各年10月末日現在の数値。
出所：農林水産省「農業分野における新たな外国人材の受入れについて」

図表：農業分野における外国人材の受け入れ状況

- 外国人技能実習制度と特定技能制度の２つの制度が存在
- 近年、政府は特定技能制度の導入を推進
- コストが高いため、想定通りには進展せず

13 資材調達の方法

資材の効率的な使用・調達を支えるシステム

農業生産では、種苗や肥料、農薬といった農業資材を調達することになります。

資材調達にあたり新規就農者の課題となるのは、適切な資材の選択です。栽培する作物を選択した後、土壌や気候の特性を考慮して品種を決定します。選択した品種の特性に合わせ、適切な量と成分の肥料を判断して土づくりをし、使用する農薬を判断して病害虫予防のための防除を行います。プロ農家は経験に頼った品種選択や土づくり、農薬散布が可能ですが、非熟練者は何を選択するかという判断自体に迷ってしまいます。

各産地における代表的な作物については都道府県の農業試験場や地域の農協から栽培マニュアルが出されており、また民間の種苗会社も栽培マニュアルを公開しています。ただし、実際の圃場の状況を踏まえた品種選定や施肥設計については農業者自身で判断しなければなりません。その際、農協や農業試験場などからのアドバイスを受けることが多く、施設園芸分野では専門の技術コンサルタントによる有償の指導・助言も広がっています。また、スマート農業技術として、栽培環境や過去の栽培状況を踏まえて最適な肥料・農薬の使用計画を策定してくれるようなシステムの実用化が進んでいます。

資材の主な調達先としては農協、専門小売店、ホームセンターがあり、最近ではインターネット販売も利用されています。このうち最も一般的なのは農協であり、肥料では7割、農薬では6割が農協から購入されています。農協で購入するメリットとしては、高品質な資材が購入できるほか、技術指導や経営支援が受けられることが挙げられます（**図表**）。農協や専門小売店には豊富な知識を有する販売員がおり、資材の購入にあたり、栽培品目や地域の特性などを踏まえたアドバイスを受けることができます。資材の選択に不安がある場合は、農協や専門小売店を活用するとよいでしょう。一方、ホームセンターは低価格な調達が可能であり、汎用品の調達に適しています。目的や技術力に合わせて複数の調達先を使い分けることが重要です。

資材調達に関しても、スマート化が進んでいます。農水省の2016年度補正予算「農業生産資材価格『見える化』推進事業」では、農業者が資材を購入する際に資材の価格やサービスなどの情報を比較できるウェブサイトを構築するための検討が行われました。ここでの検討を踏まえ、2017年6月より、農業資材比較サービス「AGMIRU（アグミル）」の運用が始まっています。資材購入を希望する農業者と資材販売事業者のマッチングを行うほか、農業者がアプリ上で意見交換を行うコミュニティ形成機能や、資材の市況に関する情報提供機能も備えています。

今後は更に一歩進んで、栽培品種、投入肥料などに関して地域ごとのデータベースを構築することが望まれます。生産に大きな影響を及ぼす土壌や気候が、地域によって異なることが農業の特徴です。地域内でノウハウを蓄積し、共有することで、非熟練者にも資材の判断が容易になります。

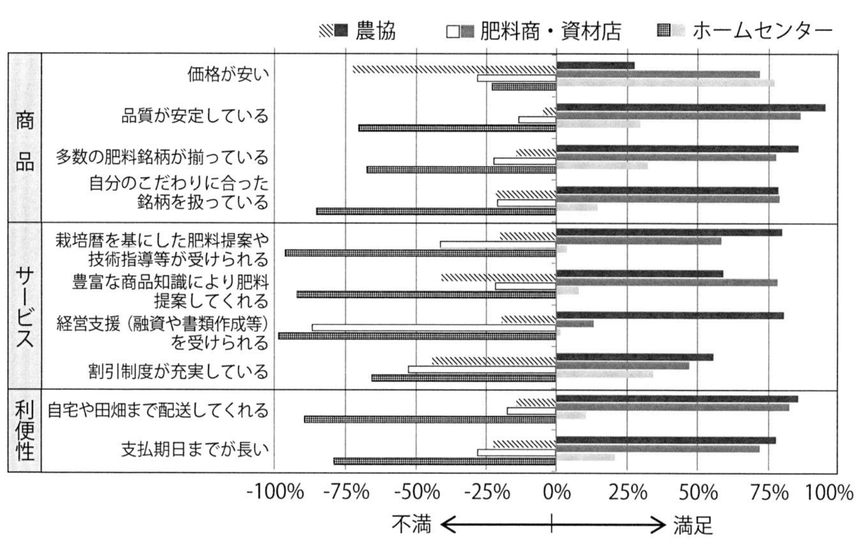

出所：農林水産省ホームページ

図表：肥料販売店の取り組みに対する満足度評価

● マニュアルの活用に加え、公的な技術指導サービスを積極的に活用
● 資材の使用計画や効率的な調達を支援するスマート農業技術も徐々に実用化
● 農業資材比較サービス「AGMIRU」を見てみよう

Column 2

「地域ブランド」を後押しする地理的表示保護制度

近年、各地で農産物の地域ブランド化が進められています。背景には、消費者ニーズの高度化・多様化やインターネット販売・戸別宅配の台頭などの流通構造の変化があります。地域の特色を活かした農産物が評価を一段と高めており、代表例として、京野菜、加賀野菜、大和野菜、鎌倉野菜などが確固たるポジションを築いています。

地域ブランドの多くは、地方公共団体（都道府県、市町村）や地域の農協が認定を行っています。栽培エリアと品種だけでなく、栽培方法を限定したり、厳しい品質基準を設けるケースもあります。品質基準については、糖度や重量などを全数チェックしているような事例もあり、それが消費者への価値訴求につながっています。

このような農林水産物の地域ブランド構築を後押しする動きとして、2015年6月から「特定農林水産物等の名称の保護に関する法律（GI法）」（地理的表示法）が施行されました。GI法に基づき運用される地理的表示（GI）保護制度とは、地域の農林水産品に関して、名称、生産地、品質などの基準などを登録する制度で、世界的な知名度を誇るブランド農産物を多く有する欧州で先行して制度化が進められてきました。

基準を満たす農林水産物は地理的表示の使用が認められ、GIマークを付けることができます。他の地域の農業者、事業者は当該名称、および例えば「○○風」といった類似した名称を使用することができなくなります。これによって、有名ブランドにただ乗りしようとする模倣品を法的に排除することができ、ブランドの保護と価値向上につながります。

日本国内では、2010年2月時点で、全国で88品目が登録されています。神戸ビーフ、但馬牛、くまもとあか牛、夕張メロン、大分かぼす、万願寺甘とう、越前がになどがあります。一方で登録時に設定した基準と市場ニーズが合わずに販路が限定されてしまうケースも出ており、2017年に登録した愛知県西尾市の「西尾の抹茶（登録番号第27号）」は2020年2月に登録を消除されました。

第3章

スマート農業の導入ステップ

14 スマート農業導入の6つのステップ

まずはしっかりとした計画策定を

スマート農業を導入するためには、導入ステップに従った事前準備が欠かせません。具体的なステップを見ていきましょう（**図表**）。

ステップ①　目標の設定

スマート農業の導入のはじめの一歩は、スマート農業技術を導入する目的を明確化することです。それぞれの農業者が抱える課題や狙いに合わせて、目標を設定しましょう。

特に、作業負荷の低減、コストの削減、規模拡大、売り上げ拡大といった目標においては、具体的な数値目標を立てることが不可欠です。その際には、農水省の実証事業などで公表されているスマート農業の導入効果の数値を参考にすると、具体的な目標設定が容易となります。

ステップ②　スマート農業作業体系の検討（作業計画の策定）

各スマート農業技術に関して、年間での稼働スケジュールを策定しましょう。単にスマート農機の利用時期を並べるのではなく、それを運用する作業者（オペレーター）の配置も考慮する必要があります。スマート農業では複数のスマート農機の同時稼働や遠隔操作など、作業者1人当たりの実施可能なタスクが増加することを踏まえた配置となります。

ステップ③　スマート機械技術の利用形態の検討

利用するスマート農業技術、対象圃場（ほじょう）、対象作業を踏まえて、効率的な利用形態を検討しましょう。複数の農業者での共同利用、農作業を委託できる農業サービス事業体（アウトソーシング事業者）の活用などが想定されます。なお農水省では、農業者向けのみならず、農業サービス事業体へのスマート農業の導入も支援しています。

ステップ④　スマート農業技術の資金計画の策定

スマート農業技術の利用計画を策定し、必要な資金を洗い出します。なお、スマート農機については購入だけでなく、レンタル・リース・作業のアウトソーシングなども検討し、初期投資を減らすことが有効です。

ステップ⑤　スマート農業技術の事前研修

スマート農業技術を円滑に導入するためには、事前の技術習得が重要です。都道府県やメーカーが開催しているスマート農業研修会への参加、農業大学校の短期プログラムの受講などを実施しましょう。

また、メーカーによっては技術指導を行ってくれることもありますので、ぜひ積極的に活用しましょう。

ステップ⑥　スマート農業技術の導入

上記ステップを踏まえ、スマート農業技術を現場に導入します。現場への導入に不安がある方は、導入時のサポートが手厚いメーカー、サービスメニューを選択しましょう。一部メーカーでは、立ち上げ時に指導員を派遣してくれることもあります。また今後はスマート農業技術を身に着けたスタッフの人材派遣も増えると見込まれます。

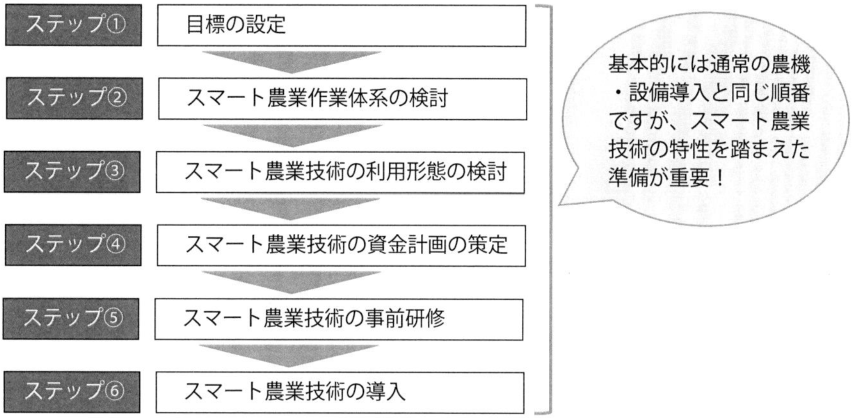

ステップ①	目標の設定
ステップ②	スマート農業作業体系の検討
ステップ③	スマート農業技術の利用形態の検討
ステップ④	スマート農業技術の資金計画の策定
ステップ⑤	スマート農業技術の事前研修
ステップ⑥	スマート農業技術の導入

基本的には通常の農機・設備導入と同じ順番ですが、スマート農業技術の特性を踏まえた準備が重要！

出所：著者作成

図表：スマート農業導入の６つのステップ

Point

- 導入ステップを踏まえた綿密な準備を
- 特に利用形態の検討は重要なステップ。メーカーの営業トークだけで決めるのではなく、客観的な視点から最適な利用形態を選択
- 導入時期から逆算して研修スケジュールを策定

15 効率的な情報収集方法

スマート農業の先駆者から成功要因と課題を学ぶ

スマート農業技術は技術革新のスピードが早いため、スマート農業の導入を検討するためには、最新の情報を入手することが不可欠です。また、スマート農業技術導入の具体的なイメージを持つためには、スマート農機やロボットを実際に見ることも大切です。

しかし、最新の情報を適確に収集することは簡単ではありません。各地の地方自治体、農協、農業者からは、スマート農業に関心があるものの周辺地域で参考になる取り組みがなく情報が不足している、といった声が聞かれます。この際、SNSや展示会をうまく活用すれば、地域に関係なく、効率的に情報を収集することができます。具体的な情報収集のやり方について、実例を交えて見ていきましょう。

個人が気軽に情報交換できる場として、SNSの活用が進んでいます。スマート農業に関するSNSの例としては、Facebookグループ「明るく楽しく農業ICTを始めよう！スマート農業 事例集」が挙げられます。農業者自身がスマート農業を導入した経験を語ったり、ノウハウを共有したりと、スマート農業に関心を寄せる人々をつなぐコミュニティとして機能しています。2020年2月現在、グループへの参加者は2,000人を超え、積極的な情報交換が行われています。

展示会には、一度に多くの情報を入手できるという大きなメリットがあります。農林水産省主催の「アグリビジネス創出フェア」は、農林水産業および食品産業分野に関わる研究機関や民間企業などが参加する技術交流展示会です。各出展者のブースにて研究成果の報告や技術紹介がされるほか、講演やセミナーも開催され、最先端のスマート農業に触れることができます。そのほかも、「農業Week」（リードエグジビションジャパン主催）、「アグロ・イノベーション」（日本能率協会主催）など大規模な展示会が毎年行われています。また、ICT、AI、ロボットといった農業以外を主テーマとしている大型展示会でも、最新のスマート農業技術をチェックすることができます。

都道府県が主催するスマート農業イベントも増えており、「スマート農業フォーラム」、「スマート農業サミット」といったイベントが全国各地で開催されています。都道府県のウェブサイトを確認し、近場で開催されるイベントをチェックすることをお勧めします。

スマート農業の導入現場を見るという観点では、農水省事業「スマート農業加速化実証プロジェクト」（**図表**）の実証地区が参考になります。同プロジェクトは、水田作、畑作、露地野菜・花卉、施設園芸、果樹・茶、畜産の6つの体系にてスマート農業の導入やデータ収集を図るもので、2019年度は全69地区で実証が行われ、2020年度は更に実証地区が追加されます。実施主体を担う農研機構のホームページで、各実証の詳細および視察などの受け入れに関する窓口を確認できます。現場を実際に訪れ具体的なイメージを持つことで、スマート農業技術のスムーズな導入が期待できます。特に、スマート農業技術を導入する際の課題、苦労話を聞くことで、各自のニーズ、条件に適した技術を冷静に選ぶことができます（**参考資料**で本プロジェクトの詳細記載）。

＜事業の内容＞

1．最先端技術の導入・実証

○農業・食品産業技術総合研究機構、農業者、民間企業、地方公共団体等が参画して、スマート農業技術の更なる高みを目指すため、**ロボット・AI・IoT・5G 等の最先端技術を生産現場に導入し、理想的なスマート農業の実証**を実施。この中で、**棚田地域の振興**に資する取り組みについても推進する。

2．社会実装の推進のための情報提供

○得られた**データや活動記録等**は、農業・食品産業技術総合研究機構が**技術面・経営面から事例として整理**して、**農業者が技術を導入する際の経営判断に資する情報として提供**するとともに、農業者からの相談・技術研鑽に資する取り組みを実施。

＜事業イメージ＞

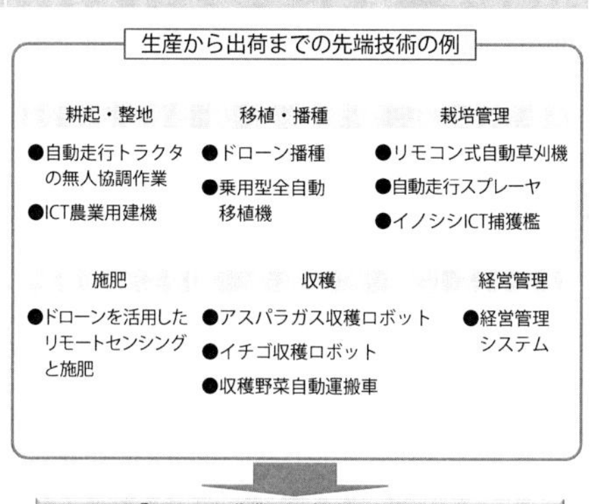

出所：農林水産省

図表：スマート農業加速化実証プロジェクトの概要

Point

- 農水省のガイドブックなどの資料に加え、スマート農業に取り組む農業者のSNSをチェック
- スマート農業の実証事業を視察し、成功要因と苦労したポイントを把握

16 ニーズに合った農業技術の選定

「品目×作業」から適切な技術導入を

百花繚乱と評されるほど様々な技術の実用化が進むスマート農業ですが、あまりに種類が多すぎて混乱しやすいようで、農業者の皆さんからはどのような技術を導入すればよいかしばしば相談を受けます。ここでは、スマート農業を導入する際の機器やアプリの選び方の視点を紹介します。

従来型の農機、システムと同様に、基本的には「品目」と「作業」の2つの観点から選定を行います。まずは対象品目を決定する必要があります。この際に重要なのが、どこまで汎用性を持たせるか、です。例えば、稲作に特化したスマート農機とするのか、転作で栽培する麦作や大豆作にも使えるスマート農機とするのか、といったことによって、選ぶべき技術が変わります。

汎用性のある機器であれば複数品目に対応可能ですが、時に価格が高くなってしまいますので、数年間のスパンで複数品目にて安定的に使用するかを確認しましょう。特にメインの作物とサブの作物の栽培面積に大きな差がある場合には、それぞれ大規模用の専用機、小規模用の専用機を導入した方がよいこともあります。一方で、**38項、Column5〜9**で紹介する多機能型農業ロボットMY DONKEYのように、アタッチメント換装でかなり幅広な品目、作業に対応できるものでは、汎用性の高さ、稼働率の高さが機械費の低減に大きく貢献します。

後者の「作業」ですが、これは農業者の方が現在どのような作業に苦労している（例：重労働）か、もしくはどのような作業が規模拡大や生産拡大などにおけるボトルネックになっているか、を明確にすることが重要です。例えば、ベテラン農家の方にとっては重たいものを運ぶのが大変なため、背負い式の動力噴霧器が使えなくなっている、とか、収穫時期の地域内での人手不足のため、せっかく農地が余っているのに栽培できない、といったケースが想定されます。

スマート農業技術の導入方法は、フルコース型かアラカルト型の大きく2つに分けられます。フルコース型は対象作物の栽培における種まき／定植から収穫までの各作業をできる限りスマート農業化するもので、農水省の政策では「スマート農業一貫体系」と呼ばれています（**図表**）。稲作で見れば、生産管理には生産管理アプリ、耕うんには自動運転トラクター、田植には自動運転田植機、水管理には自動給排水機、監視にはモニタリング用ドローン、収穫予測には収穫予測アプリ、収穫には自動運転コンバイン、といったようにフルパッケージでスマート農業を導入するやり方です。各アプリ、スマート農機のデータは連携できるため、飛躍的に効率化が付加価値向上に貢献する一方で、設備投資は多額となってしまいます。

アラカルト型は、特定の作業にのみスマート農業技術を導入する方式です。農業者の抱える課題がピンポイントの場合には、特定のスマート農業技術のみを導入することも選択肢です。当然、導入費用も低く抑えられます。ただし、直面している課題が本当にピンポイントなのかを見極めないと、1つの課題を解決しても、次から次へと課題が露呈し、後追いで“ツギハギだらけのスマート化”をすることになってしまいます。目的が明確なアラカルトなのか、単なるつまみ食いなのか、その違いが今後の経営に大きく左右してしまうので注意が必要です。

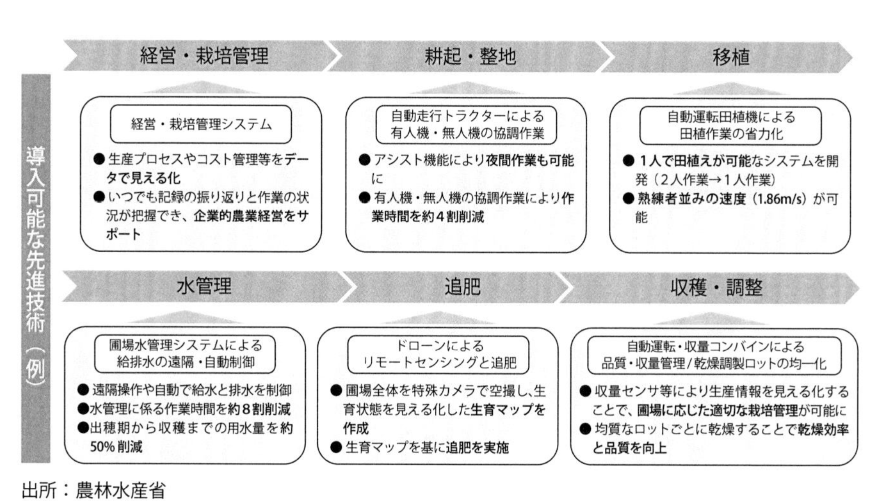

出所：農林水産省

図表：スマート農業一貫体系の例（大規模水田作）

Point

- 基本的にはフルコース型での導入がお勧め
- ただし、今後それほど長く営農を継続しない場合には、課題を明確化した上でピンポイントでの技術導入を
- 自らすべてのスマート農機を揃える必要はない（次項参照）

17 スマート農業は“シェアリング”が基本

ヒト・モノ・カネ・ノウハウの共有がカギ

近年、カーシェアリング、ライドシェアリング、シェアハウスをはじめとするシェアリングの普及が進んでいます。農業分野で推進されている「農泊」もシェアリングの1つです。

スマート農業技術の導入においても、今後はシェアリングが重要になっていきます。従来の農機は、農家1戸に各農機が1台ずつ導入されることが一般的で、まさに「一家に1台」といった形で普及してきました。

一方で、スマート農機は従来農機よりもはるかに効率が高いことが強みです。例えば、自動運転農機は1人の農業者が同時に複数台動かすことができるため、効率は何倍にも高まります。また、今後は農業ロボットによる夜間の無人作業も可能となります。このような高効率なスマート農機を農業者がそれぞれ導入すると、ムダが生じてしまうリスクがあります。

大規模な農業法人、農業参入企業などは栽培面積が広いため、自社内で複数のスマート農機を導入して、少人数で複数台同時にオペレーションし、効率を高めることができます。一方で中小規模の農業者の場合、必要なトラクターは1台だけ、という場合も少なくありません。その場合には自動運転できても1人の農業者が扱うのは1台のみとなり、乗らなくてよいので作業負荷は楽になるものの、結果的に作業効率は変わりません。自動運転のメリットも活かしきれないのです。収益面で見ると、むしろスマート化されたことによる機械費の上昇分（例えば、自動運転トラクターの価格は従来型のトラクターよりも数百万円高い）だけ、収益が圧迫されてしまうことになります。スマート農業による“機械化貧乏”は避けなければなりません。

このような高効率なスマート農業技術の場合、農業者間のシェアリングがポイントです。地域内の複数の農業者で複数のスマート農機を共同利用するモデルで、例えば10戸の農業者で3台のスマート農機を共同利用するケースが想定されます。この際、違う品目、品種を栽培している農業者がそれぞれ異なる時期に同じスマート農機を共同利用するパターン（例：Aさんが5月上旬、Bさんが5月中旬、Cさんが5月下旬に利用）と、10戸が同一の時期に同一作業を共同で実施するパターン（例：3台のスマート農機で同時に10戸の農地を一斉作業）があります。

農水省では、スマート農業による経営改善の効果を高めるため、スマート農機のシェアリングモデルの普及を進めています。その一環として、通常の補助金では難しかった県境をまたいだ複数農業者でも共同利用できる枠組みづくりも進められています。

更に、スマート農業のシェアリングでは、単に農機を共同利用するだけでなく、関連する栽培ノウハウのシェアも可能です（**図表**）。それぞれの作業履歴や匠の技を、生産管理システムを介して共有することで、地域農業のレベルアップにも貢献します。ヒト・モノ・カネ・ノウハウの4つを地域内でシェアするシェアリング農業モデルが、今後の日本農業の基本モデルの1つとなっていきます。

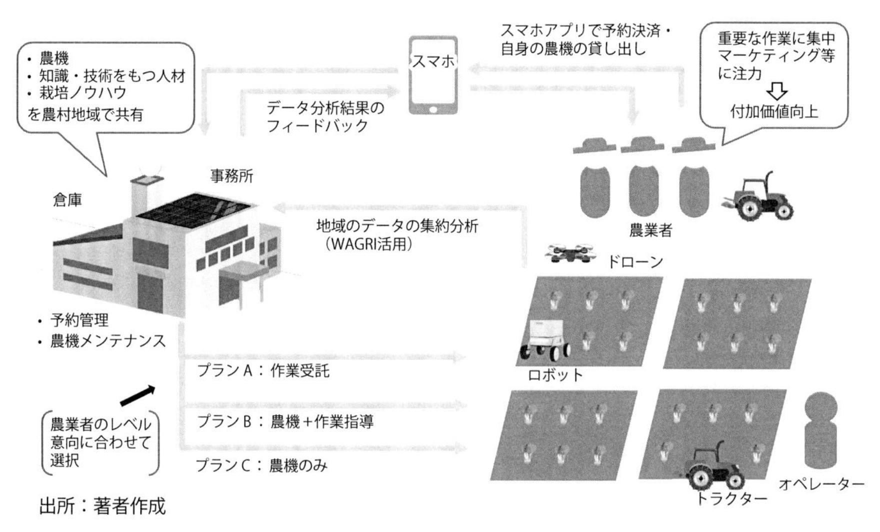

出所：著者作成

図表：シェアリング農業モデルの全体像

Point

- これからのスマート農業時代はシェアリングが基本
- 農機だけでなく、オペレーター（ヒト）やノウハウのシェアも重要
- 農水省はシェアリングの推進に積極的

18 スマート農業サービス事業者への作業委託

スマート農業のプロに"お任せ"

儲かる農業の実現の切り札であるスマート農業ですが、ベテラン農家の方をはじめ、ICTやIoTが苦手な人が使いこなすには少しハードルが高いかと思います。また、ドローンのように専門的な研修が必要なスマート農機についても同様です。

そのような場合、自らスマート農業技術を導入するのではなく、スマート農業のプロに"作業をお任せ"するのも一手です。北海道などの広大な農地を有する地域では、以前より作業請負（例：耕うんの請負）が普及していますが、これらの事業者のスマート化が急ピッチで進んでいます。小回りが利き、効率性の高いスマート農業技術の実用化に伴い、全国で農作業のアウトソーシングが広がっていくと考えられます。スマート農業技術を駆使して、耕うん、播種（はしゅ）、散布、収穫などの作業を農業者から一括して請け負う、「スマート農業アウトソーシングサービス」が始まるのです。

例えば、年間に数十日しか稼働しない大型農機を使った作業、中小型の農業ロボットを活用する夏季の除草、夜間の鳥獣害対策などが、スマート農業アウトソーシングサービス化されることが期待されます。これにより、スマート農業の波に乗れない人はどうすればいいのか、というスマート農業が抱えてきた大きな課題が解消されます。

それでは、スマート農業アウトソーシングサービスのおおまかな流れを**図表**で見てみましょう。

このような作業のアウトソーシングにより、農業者の初期投資の負担を低減することもできます。特に、はじめから農機をフルセットで揃えることが困難な若者やUターン・Iターン人材であっても、安心して新規就農できるようになると期待されます。

このようなアウトソーシング事業の担い手候補として、地域の中核的な大規模農業者や地域の農協（単協）が想定されます。大規模農業者にとってはビジネスチャンスが拡大し、農協にとっては更に農業の現場に近付き、農業者に価値を提供できるようになります。すでに東北や近畿をはじめとする全国の複数地域で農協がドローンモニタリングをはじめとするスマート農業のアウトソーシングサービスを始めています。

また、アウトソーシング事業の立ち上げは農村における産業創出の意味合いもあります。地域にモニタリングや作業を請け負う新たなアウトソーシング事業が立ち上がることは、地域の産業界の振興にも好影響をもたらします。IoTを駆使してアウトソーシング事業を担うベンチャー企業など、地域に根差したプレイヤーの台頭が期待されます。

①農業者は生産管理システムで作業計画を策定し、その中からアウトソーシング事業者に依頼したいタスクを選択し、タスクを依頼

↓

②アウトソーシング事業者は、複数の顧客（農業者）からの委託をとりまとめ、1人のオペレーターで複数台の自動運転農機や農作業用ドローンを同時稼働した効率的な利用計画を策定

↓

③アウトソーシング事業者は、農機の輸送、セッティング、メンテナンス、関連機器の稼働管理、データの取得、農機の回収などを実施

↓

④アウトソーシング事業者は、自動運転の基本システム（GPS、カメラ、走行制御システム、耕うんなどの作業制御システム、通信器などで構成）を駆使して受託作業を実施 ※なお、自動運転農機、ドローン、自動水管理システムなどの遠隔監視はアウトソーシング事業者集中管理センターにて集中実施（一部、規制緩和後に実施可能な内容を含む）

↓

⑤アウトソーシング事業者は、各機械がいつどこでどのような作業を行ったのかが分かるように制御の履歴データを管理

↓

⑥農業者がアウトソーシング事業者に料金を支払い

出所：著者作成

図表：スマート農業アウトソーシングサービスのモデルケース

- スマート農業の機器・設備は必ずしも自前でなくてもいい
- 「スマート農業のプロ＝アウトソーシング事業者」に作業を委託
- 地域の大規模農業者や農協がアウトソーシングサービスを開始

19 設備導入のための資金調達

まずは現実的な事業計画の準備を

当然のことですが、スマート農業技術の導入には資金が必要です。特にスマート農業技術には、従来技術よりも費用の高いものが少なくありません。特に植物工場のような高度な栽培施設を導入する場合、専用の設備導入に加え、建物の建設や土地造成など、初期投資にかかる費用が膨らみがちです。このような費用に対する資金調達の方策として一般に考えられるのは、補助金の活用、融資、出資、自己資金です（**図表**）。

スマート農業の機器・設備の導入における資金調達の際のポイントを3点紹介します。

①投資しないですむ方法を探る

まず、スマート農業の設備・機器を導入するにあたって、本当にそれらを所有する必要があるかを見極めましょう。例えばモニタリング用ドローンであれば、自分で購入してモニタリングするだけでなく、モニタリングを行っている企業からデータを購入する、という選択肢もあります。

また、自ら設備・機器を導入するケースでも、レンタルやリースを活用して、支払いを平準化することが有効です。スマート農業技術は日進月歩であり、購入してもすぐに旧型になってしまう可能性についても留意が必要です。

②補助金の効果は大きいが、当てにしすぎない

国や自治体の施策として農業技術の近代化のための補助金が存在します。建物、設備、農機にかかるコストを約30〜50％程度圧縮することができるものもあるため、まずは計画立案の際に使える補助金があるかどうか探索することをお勧めします。

ただし、補助が入るからといって過剰投資にならないよう留意してください。また、制度によっては当初計画（例えば設備、栽培品目など）からの変更を認めないケースもあり、事業開始後の機動的な経営の枷（かせ）となるリスクも認識すべきです。販路や生産能力、人員調達など、現実に即した事業計画を実現する前提に立たなければ、後になって事業継続の重荷になってしまうこともあり得ます。

また、補助金によっては認定農業者などの一部の法人に限定されているものや、一般法人は対象外のものもあります。

③政策融資と民間融資の考え方

農業事業には、他産業よりも優遇された金融面の制度・メニューがあり、代表的なものとして日本政策金融公庫のスーパーL資金が挙げられます。金利は一般枠が0.10％と民間金融機関と比べると非常に低く、すえ置き期間も10年以内と優遇されています。これらの政策的な資金は、事業計画がしっかり作られていれば比較的借りやすいとされます。他方、建物・施設に対してのみの融資であり、運転資金の調達には使えません。そのため、単に金利が安いから、というだけで借入先を決め打ちしてしまうのは危険です。

実際の事業では、売上や生産コストに波が生まれ、月次キャッシュフローで見ると、短期的な運転資金の調達が必要になるケースも出てくるため、金利面で有利な公庫などだけでなく、地銀などの民間金融機関から資金調達することも考慮すべきです。民間金融機関では、融資を受けるには取引実績なども重要となる場合があるので注意が必要です。

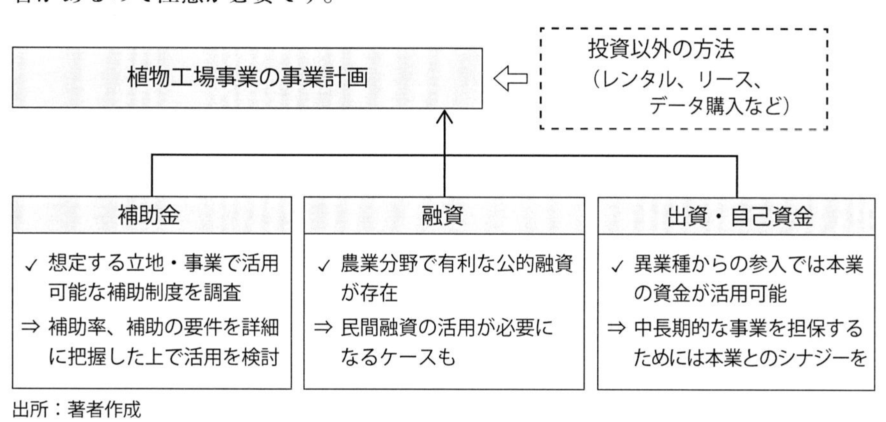

出所：著者作成

図表：スマート農業技術の資金調達（例：植物工場）

- 補助金、融資、出資・自己資金投入の性格の違いをよく理解する
- 法人の区分によって使えるメニューが異なることに注意
- リース、レンタルの活用も検討しよう
- 客観的に、事業計画が現実的なものであることが前提

20 スマート農業技術の利用時の注意点

広く普及するまでは農業者個人での“理解”が必要

政府の積極的な支援策を踏まえ、今後全国各地でスマート農業の導入が急ピッチで進んでいきます。技術導入の際の注意点を解説しましょう。

まず、スマート農機のメーカーはベンチャー企業が多く、大手の農機メーカーなどと比較するとメンテナンスや問い合わせの対応が不十分なことがあります。また、家電製品や自動車のような汎用的な製品ではないため、メーカー以外の第三者によるメンテナンスが難しいという特徴があります。

本格的な故障の場合には、通信や制御などの幅広い知見が必要になりますので、専門家の対応が不可欠ですが、中には取扱説明書などを見ることで疑問点を解決できるものも多くあります。 例えば、アプリでは新機能の追加や不具合の修正のため、頻繁にバージョンアップが行われます。ICTに不慣れな方の場合、急に画面の構成や操作方法が変わって戸惑うことや、更新などの際に表示される通知の内容に不安を感じることもあります。その際は、発行元の企業のウェブサイトやアプリストアで更新や操作方法の変更に関する情報を確認するといいでしょう。

普段の作業時のよくあるトラブル事例としては、バッテリー切れが挙げられます。スマート農機がうまく動かない場合に、実は単に農機やスマホのバッテリー切れが原因だった、ということがあります。いざという時にバッテリーが切れていると作業ができなくなるため、充電を習慣化することはもちろん、予備のバッテリーを用意しておくことも必要です。また、炎天下の作業ではスマホや機器の発熱にも注意が必要です。スマホが機能しなくなり、スマホを通じて操作している農機が暴走したというケースもありますので、スマホを置く時には直射日光を避けるなどの対策が必要です。

スマート農機やアプリに関する疑問点がある際に、都度メーカー側の問い合わせ窓口を利用すると、解決に時間がかかることがあります。事前に、地域や農業法人単位で、使い慣れた人や専門的な知識を持つ人に相談して本当にメーカーの対応が必要か判断できるようにしておくと、メーカーもユーザーも双方の負担が軽減されます（**図表**）。最近は各地の公的農業試験場や農協がスマート農業技術に精通したスタッフの育成を強化しています。また、SNS を活用してユーザー同士のネットワークを構築し、疑問点の解決や過去の事例・新しいアイデアの共有を行うことも有効です。

なお、スマート農業の形態の1つである植物工場では、業界大手企業が新規参入企業に対してコンサルティング、人材育成、販売支援などのサービスを行っています。業界大手企業は、売り先のネットワークやコスト削減などに必要なノウハウを蓄積しているため、そうしたサービスを利用することで、事業を軌道に乗せるまでの期間を短縮することが可能です。

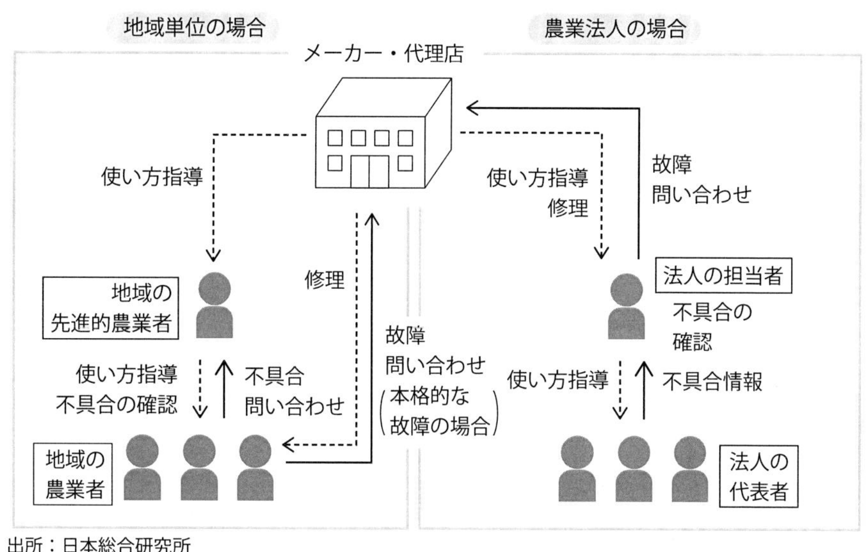

出所：日本総合研究所

図表：スマート農機の指導・修理体制の例

Point

- ベンチャー企業の場合、サポート体制が不十分なケースも
- スマート農業ではインターネットからの情報収集が重要
- 農業試験場やJAに相談窓口がある場合には積極的に活用

21 スマート農業で失敗しないためのポイント①

“本気度の高い”スマート農業技術を選ぼう

期待高まるスマート農業ですが、まだ発展途上の技術が多いことも事実です。新しいスマート農業を導入したことにより経営状態が悪化してしまっては意味がありません。スマート農業で失敗しないためのポイント（**図表**）について2項目にわたって解説します。

ポイント①　技術の確かさ、実績、リスクを確認する

スマート農業は最先端の技術のため、一部で技術が成熟していない製品やサービスも見られます。しっかりとした技術を導入するためには、導入を検討している製品、サービスの実績を確認しましょう。

ただし、ほとんどの製品、サービスは商品化されて間もないため、通常の設備・機器のような十分な実績がないものも少なくありません。早い段階からスマート農業を円滑に導入するためには、国や地方自治体が主導する実証事業などでの実績、もしくは現場で発生した課題・問題点の情報を収集することが近道となります。このような公的事業については国・地方自治体、農業分野の専門家、公的農業研究機関などのプロの目によるチェックが入っており、不十分な技術を導入してしまうリスクを低減できます。

また、メーカーに対して、初期段階の製品・サービスには柔軟な修理、改修を行ってもらえるのか、その際の費用負担はどうなるのかについて、事前に確認することが重要です。

ポイント②　使いこなせる技術か判断する

スマート農業技術は多岐にわたり、ものによっては高度な知見が求められる場合があります。また、ドローンなどについては操作に関する研修を受講することになります。

農業者の皆さんのIoT、機械などに対する知見、経験などを踏まえて、無理なく使えこなせる技術を選定しましょう。その際、事前にスマート農業に関する研修や利用体験会などに参加し、各技術に求められる能力・スキルがどの程度のものなのか把握しておくことが不可欠です。

ポイント③　サポート体制が充実しているメーカーを選ぶ

新たな技術であるスマート農業は、初期段階の不具合が想定される一方で、通常の農機のように近隣の農協などでの修理・メンテナンスが難しいことが考えられます。また、指導側もまだ十分な経験がないため、都道府県の公設農業試験場や地域の農協からの技術指導体制が整っていないものが多い状況です。

技術選定の際には、修理・メンテナンスや技術指導の体制、サービスメニューが整っているメーカーを選ぶことをお勧めします。

ポイント④　導入するタイミングを見極める

現在、多くのスマート農業技術が実証段階から市販段階の過渡期にあり、現在販売されている商品の中には先行販売的な側面が強いものも少なくありません。

すぐに最新技術を導入するのか、価格と技術がこなれるまで待つのかといった見極めが重要です。商品化されて間もない商品については、国や自治体の実証事業の枠組みを使う、リースやサブスクリプションモデルでの導入も選択肢となります。

	チェックポイント
□	技術は確立しているか（市販品レベルに届いていない場合も）
□	他の農業者での導入実績はあるか
□	製品保証は十分か
□	メンテナンス体制は十分か
□	技術指導は十分か
□	価格帯は妥当か
□	利益向上につながるか（費用対効果を確認）
□	使いこなせる技術か
□	オペレーターを確保／育成できるか

出所：著者作成

図表：スマート農業導入時の技術的なチェックポイント

- スマート農業技術の技術成熟度やサポート体制はピンキリ
- しっかりと信頼できるメーカーの製品・サービスを選定
- 現状の技術成熟度だけでなく、足りない部分を補う体制が整っているかを重視

22 スマート農業で失敗しないためのポイント②

最新の技術・政策情報を常に入手しよう

前項では、スマート農業に関連する技術の見極めについて紹介しました。引き続き、スマート農業を実施する際に注意すべきポイントとして、より導入段階に迫った項目を挙げてみます。

ポイント①　オペレーターを確保する

スマート農業技術を利用するには、それを使いこなせるオペレーターが欠かせません。スマート農機やアプリケーションなどを導入してからオペレーターを育成していては、栽培開始のタイミングに間に合わず、現場が混乱してしまいます。

スマート農業の経験者をキャリア採用する、あらかじめ研修を受けて使い方をマスターしておく、といった工夫が必要です。また、今後は農業高校や農業大学校のカリキュラムにスマート農業が組み込まれていくため、"スマート農業ネイティブ"な若手農業者が増えていくと期待できます。

ポイント②　利益向上に貢献するか見極める

スマート農業技術は従来型の農業に比べて追加的なコストがかかることが一般的です。例えば、自動運転農機は同程度の出力の従来型農機よりも数百万円高いとされています。

相対的に高いスマート農機を単に従来型農機のかわりに導入すると、単にコストアップするだけで、収益を圧迫してしまいます。栽培の規模や月間・年間の労働負荷などを把握した上で、スマート農業を導入した際の栽培計画と収支計画を策定し、高い費用を支払う以上のメリット（売り上げ増加、費用削減）があるかをしっかりと見極めましょう。

ポイント③　稼働率向上の工夫を行う

費用対効果の検討においては、特に稼働率向上の工夫が重要です。前述の通り、スマート農業を始める際には自らスマート農機を導入する以外にも、シェアリングモデルの活用や、アウトソーシング事業者への作業委託なども選択肢となります。

非常に効率の高いスマート農業技術を持て余すことがないように、適切な利用形態を選びましょう。

ポイント④　最新の技術動向を把握する

技術の進歩のスピードが早いスマート農業分野では、次から次へと新しい製品・サービスが生まれています。また、既存の製品・サービスにおいても、アプリケーションやシステムを中心に高頻度でバージョンアップがなされていますので、最新の情報を収集しましょう。

身近な例では、携帯電話からスマホに至る10数年での爆発的な技術革新をイメージすると分かりやすいと思います。

ポイント⑤　規制緩和の動向を把握する

政府の重要政策の1つであるスマート農業では、積極的な規制緩和策が進められています。特に、自動運転農機、ロボット、ドローンなどについては半年スパンを目安に新たな緩和がなされています。

規制緩和によってスマート農業技術の利用制約がなくなり、使い勝手が向上する可能性がありますので、農水省のウェブサイトや地域のスマート農業研修会などで最新情報を定期的に入手するようにしましょう。

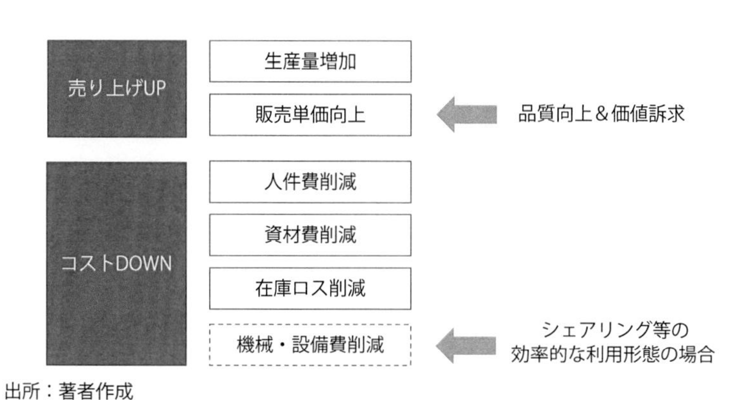

図表：スマート農業の導入効果（モデル）

Point

- スマート農業を理解したオペレーターの確保が不可欠
- 今後は“スマート農業ネイティブ”な世代の参画に期待
- 最新の技術動向、政策動向を定期的に把握

Column 3

地域の魅力を収益に変える伝統野菜

地域ブランドの1つとして、伝統野菜に対する注目がいっそう高まっています。伝統野菜の中にはすでに廃れて表舞台から姿を消してしまった幻の品種が多くありましたが、各地の研究機関、大学、農業者などが伝統野菜の復活プロジェクトを立ち上げています。地域の伝統・文化という価値を内包した伝統野菜は、コト消費を重視する消費者から高く評価されており、一部地域では農業振興の強力なツールにもなっています。伝統野菜を再び広げていくためには、伝統野菜が抱えている①育てにくいこと②流通しにくいこと—という2つの課題を解決する必要があります。

現在一般的に用いられている野菜の多くは、掛け合わせにより品種改良された「F1品種」（雑種一代品種）と呼ばれるものです。一方で、伝統野菜は基本的に自ら採種する「固定種」で、F1品種よりも品質のばらつきが大きく、生産性が劣る、また病害虫に弱いという欠点があります。そこで、スマート農業を活用してこれらの弱点をカバーする取り組みが始まっています。奈良県では病害虫に弱い伝統野菜を、栽培環境を人工的にコントロールできる植物工場で安定的に栽培する取り組みがなされています。

また、流通面での課題に対しては、インターネット販売などのダイレクト流通が効果的です。伝統野菜は特定の地域でしか栽培されていないため生産量が限られていて、また大きさや形にばらつきがあることから、大量の規格品の流通がメインの既存の市場流通には適していませんでした。一方で、農業者と消費者を直結するダイレクト流通では、伝統野菜のような商品も取り扱うことができます。インターネット販売や直売所では、市場流通では取り扱えないような小ロットな商品や、従来は規格外品とされてしまうような形や大きさの不揃いな商品でも販売することできます。SNSの普及により農業者から消費者への情報発信が容易になり、単なる商品規格に留まらない価値訴求が可能となっています。

農業の近代化の波に飲み込まれて廃れてしまった伝統野菜が、最先端のICT・IoTで復活するという、非常におもしろい動きが各地で進んでいるのです。

第4章

スマート農業の“匠の眼”

23 モニタリング用ドローン

人が持てない視野から見る。広範囲の生育状態の把握が可能

生産者は、管理作業や収穫作業をしながら、作物の葉や花の様子、土壌の状態を観察しています。そうした日々の観察によって、病害虫の発生状況や生育状況の確認を行い、いつ農薬を散布すべきか、どんな肥料が足りていないのかを判断しています。

今後、農業就業人口が減少する中で、1人当たりの栽培面積の拡大や、新規就農者の増加などが重要になりますが、そのためには、こうした観察業務を支援する必要があります。農業者1人当たりの栽培面積を拡大した際、1人の作業時間は限られているので、すべての農地に目が行き届かなくなり、結果として病害虫が発生しやすくなります。新規就農者がベテランのように、作物の状態を見ただけで、どの肥料が不足しているかを判断できるようになるには、長い年月がかかります。

そうした中で役立つのが、モニタリング用ドローンです。スマート農業の“匠の眼”として、モニタリング用ドローンは人間が持てない視野を与えてくれます。1つは、高所からの視野。もう1つは、人が見ることのできない波長を見る視野です。

ドローンにカメラを搭載して自身の圃場を撮影すると、画像解析によって水田の雑草マップや色味マップを作成したり、コムギの水分量や葉物野菜の収量を計測することができます（**図表**）。また、撮影した2次元画像を専用のソフトウェアで3次元画像に変換することで、圃場のポイントごとに草丈の長さを知ることができます。更に、搭載するカメラをマルチスペクトルカメラという様々な帯域の光を見る特殊なカメラにすると、NDVI（光合成活動の活発度合いを示す指標）を圃場内のポイントごとに把握できます。

モニタリングの実施にあたり必要となるのは、ドローン本体、専用カメラ、スマホ／タブレット（専用コントローラが付属する場合も）、撮影した画像を処理するソフトです。モニタリング用ドローンは、ドローントップメーカーであるDJIはじめ、国内メーカーからも販売されており、一般的な機種の価格は約80万

円以上です。農水省が各メーカーの農業用ドローンと用途を一覧にしたカタログ*を公表しているので、参考にするとよいでしょう。基本的な機能として、ドローンの自動飛行・撮影の設定や、撮影後の解析も専用アプリで一気通貫してできます。

価格を低く抑えたい場合は、DJIの小型ドローン（約20万円）に、小型マルチスペクトルカメラを搭載し、画像処理ソフトがパッケージ化されているものを販売代理店から購入することもできます。ドローンの操作自体は、専用アプリなどに自動飛行・撮影してくれる機能があるので難しい操作はありませんが、撮影した画像を専用ソフトで処理するのは、慣れていないと少しハードルが高いかもしれません。その場合は、撮影した画像を解析してくれる有償サービスを使用するのも手でしょう。例えば、スカイマティクスは、対象品目は限られますが、年間定額プラン18万円／年で、撮影した画像データを送ると、生育診断や収量予測などをしてくれます（2020年2月時点）。

タブレット

穂水分率マップ

画像提供：国際航業株式会社

図表：ドローン画像の解析による穂水分率（「天晴れ」のサービスイメージ）

*農林水産省「農業用ドローンカタログ」2019.9：
https://www.maff.go.jp/j/kanbo/smart/pdf/dronecatalog.pdf

- 品目は限られるが、ドローン撮影で生育状況や病害虫の発生状況が分かる
- ドローンなどの必要機材は価格も性能も様々。ニーズに合わせて選択を
- 撮影した画像を解析してくれるサービスを活用するのも手

24 人工衛星リモートセンシング

宇宙から圃場を見る。人工衛星の画像を解析して生育状態等を把握

ドローンは高所から、しかも可視光以外の波長でモニタリングできるので、農業者の圃場の状態を面的に把握できます。

一方で、圃場が広い場合や、圃場を複数保有しておりそれらが互いに離れている場合は、現状のドローンの飛行可能時間が短いことや、法規制によって一般道を跨っての飛行ができないことから、効率的にモニタリングすることが難しくなります。

そのような広い面積や複数圃場を一挙にモニタリングする方法として、人工衛星リモートセンシングがあります。人工衛星から撮影した地上の画像を解析して、土壌の水分量を測定したり、コムギの水分量を把握して収穫適期を判断したり、気象情報と組み合わせて水稲の生育判断や収穫予測をしたりすることが可能です。

北海道の先行事例を見てみましょう。コムギの収穫作業では、収穫する順番を決めるために、早朝から全圃場を見て回り、穂水分(ほすいぶん)*を計測する必要があります。そこで、人工衛星リモートセンシングを活用し、衛星データによる穂水分推定を行うことで、同じ穂水分のコムギを選択して収穫することができ、刈り取りロスが減少し、乾燥コストも削減できたとのことです。

現在、複数の事業者がこうした人工衛星リモートセンシングのサービスを提供しています。国際航業が提供する「天晴れ」というサービスでは、ウェブ上で解析のオーダーと、解析結果の確認ができます（**23項**図表）。コメ、コムギ、ダイズ、牧草を対象に、水分含量やたんぱく含有量などの解析ができ、解析対象はさらに拡大される予定ということです。

また、ビジョンテックが提供する「AgriLook（アグリルック）」というサービスでは、AgriLookのウェブサイトにアクセスすると、水稲生育状況マップ、気象メッシュ情報、栽培履歴データベースの閲覧やデータ登録が可能です。また、任意の圃場を選択すると、選択された圃場の生育状況や気象要素の推移をグラフ表示し、過去データと重ねて表示しながら生育状況を確認できます（**図表**）。

また最近では、政府衛星データのオープン＆フリー化およびデータ利活用促進事業で、さくらインターネットが「Tellus」という人工衛星データをオープン＆フリーで活用できるサービスを開始しました。農業分野でも、人工衛星データやその他のデータをかけ合わせて、新しいサービスを創出されることが期待されています。

生育状況マップ

食味推定マップ

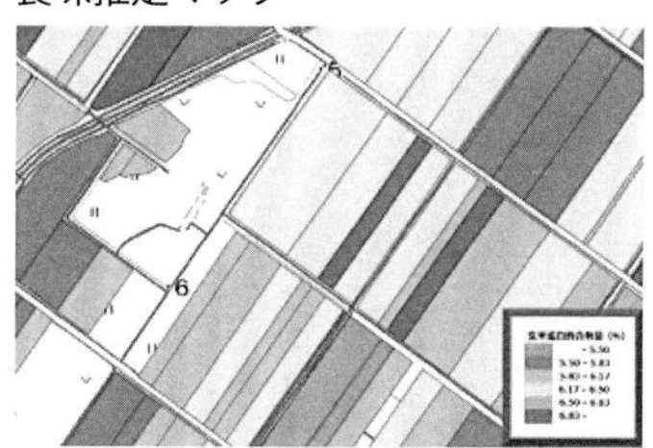

圃場単位の情報を知ることができる

画像提供：株式会社ビジョンテック

図表：AgriLookのサービスイメージ

＊穂水分：穂中の水分。

- 人工衛星の画像データやその他データをかけ合わせることで、広い面積の生育状態の把握が可能に
- ウェブ上で申し込みと解析結果の閲覧ができるサービスが存在
- 今後、人工衛星データの活用が活性化して新サービスが登場する可能性も

25 気象センサー

遠隔圃場の気象状況の確認が容易

降雨や気温の情報は、防除や潅水のタイミングの判断や、温室の窓やカーテンの開閉などで欠かせません。そうした情報の取得のために、天気予報を逐次スマホで確認している方もいるかと思います。

一方で、数圃場を保有している場合、ある圃場では雨が降っていなくても、別の圃場では雨が降っているということもあります。また、圃場によって日当たりも異なり、生育状態に違いが生じることもあるかもしれません。特に、高低差や大きく山影ができやすい中山間地域などでは、その差が顕著になります。

更に圃場が立地する地点ごとの気象情報を入手するには、一般的な天気予報の予報範囲だと粗すぎる場合もあり、そうかと言って、各圃場を見て回っていては時間ばかりが過ぎてしまいます。

そのような時に活躍するのが、気象センサーです（**図表1**）。気象センサーは、設置した場所の気温、湿度、降雨量（降水量）、風速、風向などのデータを取得できます。取得したデータは、スマホやパソコンのアプリで、現在時刻の情報として、あるいは経時的データとして確認できます。

また、あらかじめアプリで閾値を設定しておけば、その閾値を超えた時に自動的にアラートをスマホに通知することも可能なので、遠隔地の圃場管理に役立ちます。例えば、急な降雨がある場合にアラートを発して、ハウスの開閉管理をするといったこともできるようになります。

気象センサーの導入に必要となる機器は、①気象センサー本体②自身のスマホ／タブレット／パソコンです。気象センサー本体は、温度計、雨量計などの各種センサー部と、取得したデータをクラウド上のデータベースに伝送する通信部で構成されています。

気象センサーは、様々なメーカーから販売されています。取得できるデータ項目は、基本的には気温、湿度、降雨量、風速、風向、照度ですが、製品によって取得できる項目が限られる場合もあります。また、次項の土壌センサーと一体的に運用できるものもあります。使用する電源として、製品によって乾電池式と太陽光電池式があります。センサーの購入にあたっては、上記の観点から自身のニーズと圃場の状況に照らし合わせて選択することをお勧めします（**図表2**）。

なお、気象センサーの利用には、機器購入費用に加えて、月額利用料が発生することが一般的です。取得したデータを、携帯電話回線などを使用して、メーカーが保有するクラウド上のデータベースにアップロードして保存し、アプリで確認できるようにするためで、それにかかる通信費・データベース利用料となります。機器の比較検討には、機器の購入費に加えて、月額利用料の確認も行うとよいでしょう。

出所：著者撮影

図表１：気象センサー（FieldServer FS-2300）

型番（販売事業者名）	取得可能データ	電源	費用
FieldServer FS-2300 （ベジタリア株式会社）	温度・湿度・照度・ 降雨量・風向・風速	乾電池	・機械費 ・月額利用料
気象用MIHARAS （ニシム電子工業株式会社）	温度・湿度・照度・ 降雨量・風向・風速	太陽電池	・機械費 ・月額利用料
Kakaxi （株式会社リバネス）	温度・湿度・日射量・ 降雨量・カメラ画像	太陽電池	・月額利用料

出所：各販売事業者ウェブサイトより著者作成

図表２：気象センサーの比較

- 気象センサーで、遠隔地点の気象情報の取得を簡単に
- 特に、離れた場所にある複数の圃場を保有する場合に有効

26 土壌センサー

定量的な管理作業判断が可能に

土づくりはよい農産物を作るための基礎です。土づくりにおいては、農協や肥料メーカーが提供する土壌診断サービスを受けて、その結果に基づいて、基肥(もとごえ)*の配合量を決める生産者もいるでしょう。

一方で、基肥後は一般的に土壌診断を行うことはなく、土壌中の養分の状況などは作物の状態から推察するしかありません。例えば、追肥の際には花や葉の色、作物の様子などを見て、追肥タイミング・量を決めている生産者もいます。しかし、作物の様子から判断するのは、多くの経験が必要となるので、土壌の状態を定量的に知りたいという声もあります。従来、一般の方でも簡易に土壌診断ができるECメーターなどもありましたが、土壌を採取し、測定液を作る必要があるなど、手間がかかるものでした。

そこで、近年着目されているのが土壌センサーです。センサー部を土壌中に埋没させるだけで、設置地点の土壌中の含水率、EC（電気伝導度）、地温などのデータを取得できます。例えば、土壌中EC値の経時的変化を見て、追肥判断を行うといったことも可能です。

土壌センサーの導入にあたり必要となる機器は、土壌センサー本体とロガー（データ記録媒体）です。土壌センサーは、様々なメーカーから販売されており、選択に迷う方が少なくありません。他方、ロガーについては、一般の方にも使いやすいものは大きく2タイプに絞ることができ、それぞれ対応する土壌センサーが決まっているので、まずはニーズに合わせて、ロガーを選択するのがよいでしょう。

ロガーのパターンの1つ目は、取得した土壌データをクラウド上のデータベースに蓄積し、スマホなどのアプリで確認するものです（**図表1**）。これであれば、スマホなどのアプリで、現在時刻のデータあるいは経時的データとして確認することができます。必要となる機器は①センサー接続およびデータ通信機能を備えたロガー②対応する土壌センサー③自身のスマホ／タブレット／パソコンです。本パターンに対応する土壌センサーで取得できる項目は、土壌中体積含水率、

EC、地温が基本となります。土壌センサーの特性にもよりますが、センサーの周囲50 cm程度の範囲内のデータとなりますので、その点に留意が必要です。

2つ目は、センサーと直接接続し、ロガー自体にデータ表示機能が付随するものです（**図表2**）。これであれば、計測したい地点ごとに随時センサーを設置すれば、その地点の現在の状態が分かります。

このように簡便に土壌データが取得できる土壌センサーですが、留意点もあります。従来の化学分析で取得してきたEC値と土壌センサーのEC値は測定原理が異なるため、差異が生じます。そのため、研究機関などが公表している最適なEC値の範囲などの情報をそのまま使用することはできません。土壌センサーが示すEC値と土壌や作物の状態の関係は現場ごとで判断し、補正して活用する必要があります。

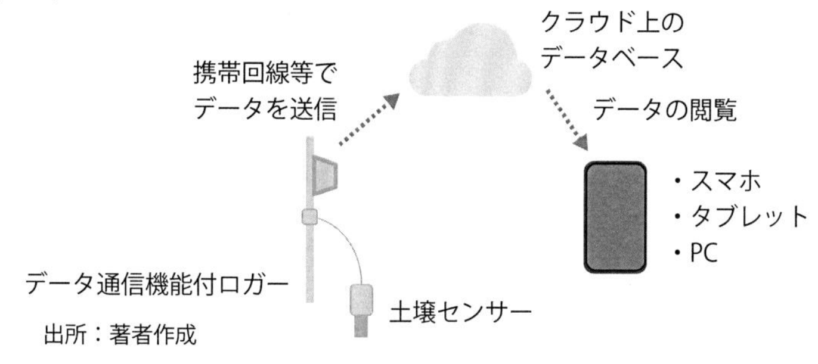

出所：著者作成

図表1：ロガーのパターン1のシステムイメージ

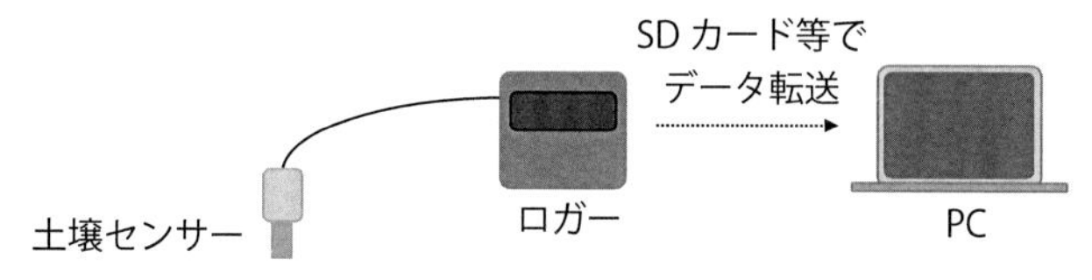

出所：著者作成

図表2：ロガーのパターン2のシステムイメージ

＊基肥：種まきや苗の移植の前に投入する肥料。「きひ」とも呼ぶ。

- 容易に土壌中の含水率、EC、地温などのデータが取得可能
- ロガーには2パターンが存在。目的に応じた選択を
- メーカーごとに測定誤差がある点に注意

27 畜産用センサー

家畜をセンサーで見守り、効率化向上とリスク低減を実現

日本の農業の柱の1つである畜産分野（牛、豚、鶏など）でも、最先端のセンシング技術の活用が進んでいます。

家畜の生産性を最大限に発揮するための基礎となるのが、家畜や畜舎環境の観察（モニタリング）です。リスク低減や生産効率の向上のためには、疾病兆候や発情行動などを見逃さないことが重要な要素となります。しかし、人間の眼だけで24時間、365日にわたる完璧な観察は不可能であり、見逃しによるロスが発生しています。特に近年は、農業者や獣医の業界でも働き方改革が進んでおり、人間の眼に依存しない仕組み作りが求められています。加えて畜産では、高生産量や高収益を継続的に実現している経営がありますが、その技術は勘と経験に支えられる部分が多く、技術をいかに分析し、継承するかが課題です。

畜産のうち、特に牛産業（酪農、肉用牛）においては、個体ごとの濃密な管理が必要で、多頭飼養による管理負担の増加が規模拡大のハードルになっています。そこで、個体管理を支える技術として期待されるのが、ウェアラブルセンサーによるモニタリングシステムです。読者の中には健康増進のためにウェアラブルセンサーとアプリを使用している方もいるかと思いますが、近年は畜産分野でも同様の動きが進んでいます。家畜の体に取り付けたセンサーにより行動を観察し、クラウド上に記録・分析することで、発情行動や疾病兆候、起立困難などのアラートを管理者に提供できます。デザミス社のU-motionなど使い勝手がよく、コストも抑えたサービスが増えてきました。

畜舎における環境制御技術も大きく発展しています。養鶏や養豚においては、畜舎（鶏舎、豚舎）内の温湿度や空気成分を監視し、データを記録することで、環境の見える化が実現しています。これにより家畜が快適に過ごせる環境を実現し、成長促進や疾病予防につなげています。さらに、画像データを利用した個体認識や、豚の鳴き声分析による異常検知の実証実験といった新たな取り組みが進められており、これまで以上に高度で緻密な環境モニタリングや環境制御の実現が期待されます。

センシング技術がもたらす更なる効果は、「名人」の技術継承です。畜産では、他と比べ高収益を実現している経営が存在していますが、多くは勘と経験による飼養管理で成立しています。センサーデータと出荷データなどを組み合わせることで、高収益経営では何を、どのようにコントロールしているのかが見える化されることが期待されます。

例えば、肥育牛においては、適切な給餌が霜降り牛の育成に重要であることが分かっていますが、給餌は農家の勘と経験で行われており、多くの経営において最適化されているとは言いがたい状況にあります。研究が進められている「精密畜産」の取り組みでは、瞳孔を観察するセンサーから血中の栄養状態を判別する技術を開発するとともに、最適な給餌のための個体識別技術などを組み合わせることで、効率的な肥育の実現を目指しています。

センサーとはまさにデータが生み出される場所であり、センシング技術の進歩、普及により、更なる畜産のスマート化が期待されます。

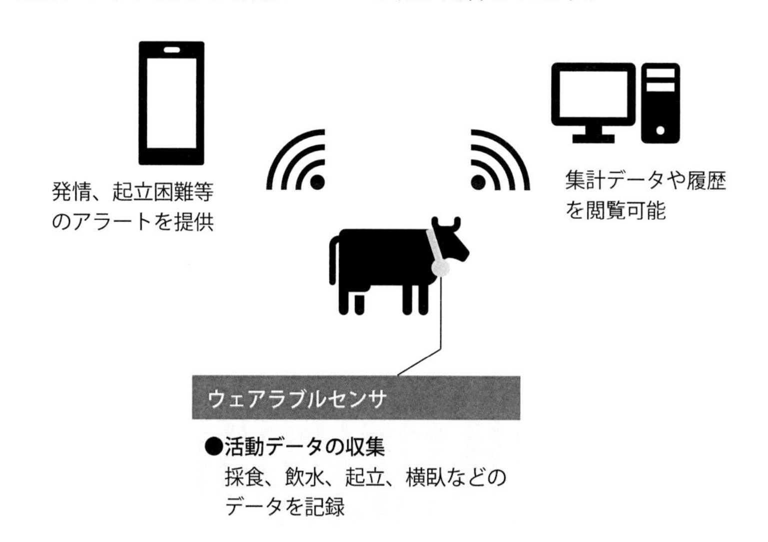

出所：著者作成

図表：ウェアラブルセンサーのイメージ

- センシング技術により、情報の見落としによる生産性ロスの防止が可能に
- センサーから生み出される情報を活用した、精密畜産の取り組みも進展

Column 4

インバウンド向け販売は“隠れた農産物輸出”

日本農業の将来に目を向けてみましょう。今後国内市場が伸び悩み、今後は人口減少の影響で縮小すると見込まれる中、日本農業の成長には海外の消費者への販売強化が不可欠です。

1項でお話ししたように、輸出に関しては、2019年に農林水産物（加工食品を含む）の輸出額1兆円を達成するという意欲的な目標が設定され、輸出促進政策が進められてきました。残念ながら目標には届かなかったものの、すでに輸出促進の開始時よりも2倍以上に輸出額が増えていることを考えると、大きな成果をあげていると評価できます。

海外市場へのアプローチは、輸出だけに留まりません。もう1つのアプローチが、インバウンドツーリズムです。インバウンドの効果の1つが、日本滞在時の農林水産物・食品の消費拡大です。政府が掲げる訪日外国人数の目標では2020年に4,000万人、2030年には6,000万人を目指しています。また、それらの訪日外国人の旅行消費額として、2020年に8兆円、2030円には15兆円という目標が設定されています。2017年の統計では、旅行消費額の20.1％（8,856億円）が飲食費とされており、農林水産分野においてもかなりの消費拡大効果が期待できます。

インバウンドのもう1つのポイントが個人携行輸出です。個人携行輸出とは、訪日外国人が帰国時に日本国内で購入した物品を自ら土産物として持ち帰ることを意味します。鮮度が命の農林水産物にとっては、複雑な流通ルートを経ることなく短時間で持ち帰ってくれる個人携行輸出は鮮度維持に大きな効果があり、農林水産物の輸出拡大のネックとなっている輸送費の高さについても解消されます。

農水省が旗振り役となり、ICTを駆使した簡便な個人携行輸出システムの開発・実装が進んでいます。個人携行輸出システムの利用が本格化し、訪日外国人の方がそれぞれ2,500円の農林水産物をお土産品として購入すれば、それだけで輸出額をおよそ1,000億円押し上げる効果があります。まさに“隠れた農産物輸出”なのです。

第5章

スマート農業の“匠の頭脳”

28 生産管理システム〈概要〉

スマート農業のはじめの一歩。農業経営もPDCAで改善

生産者は、その日行った作業を作業日誌に記録しています。特に、農薬は散布制限があるため、散布した農薬の種類や散布量の記録は必須です。こうした作業日誌は、農協をはじめとする集・出荷先から、集荷の条件として提示が求められています。

また、作業日誌をきちんと記録することは、栽培管理や農業経営を強化するためにも、一層重要になっています。近年、法人化や企業の農業参入が進んだことで、管理する圃場数が増える事例が多くなっています。規模拡大に伴い作業者も増えることで、誰がどの圃場で何をしたのかという記録を残す必要があります。ただ、手書きで日誌を作成している場合、記録が散乱したり、確認がしづらかったりすることが少なくありません。そのため、各作業者の判断や農場長からの指示があいまいになり、農薬の散布制限を超えて散布してしまい出荷できなくなったり、まだ収穫適期でない圃場で収穫してしまったりといったことも発生しています。また、消費者の安全志向や環境配慮の高まりを受けて、GAP（農業生産工程管理）などの認証取得が重要になってきていますが、取得にあたっては一層厳格な記録が求められるようになります。

このようにますます重要になり、他方で管理が難しくなってくる作業日誌の作成を支援するものとして、生産管理システムがあります。

生産管理システムは、スマホやパソコン上で、作業記録や栽培計画の作成・振り返りができるアプリです。このアプリがあれば、作業者はスマホで圃場にいながら計画を確認したり実施内容を記録したりすることができ、経営者はパソコン上で俯瞰的に、誰がどの圃場で何を実施したのか把握した上で、翌日の作業計画を立案したりできます。また、過去に記録した作業内容を簡単に振り返られるので、昨年の同じ時期に行った作業内容を、作業計画策定の参考にすることもできます。更に、栽培品目ごとに収支を管理することで、利益を出すためのポイントを見出すこともできます。まさに、スマート農業を始めるにあたっての“第一歩”と言える存在です。

生産管理システムは、様々な企業から提供されています（**図表**）。どの製品にも共通するのは、アプリ上で栽培計画／作業計画を作成することができ、作業者がスマホやタブレット／パソコンで作業内容を入力することができ、予実を分かりやすく表示する機能を提供し、次の栽培計画／作業計画の改善を支援することで、農作業のPDCA（計画、実行、評価、改善）を回す支援をしてくれるということです。

各製品で異なるのは、データ入力のインターフェイス、農薬の使用制限の表示機能、センサー連携、外部サービス連携です。製品によって利用料も異なるので、生産者のニーズや好みと合わせて選択するとよいでしょう。中には無料使用期間を設けている製品もありますので、まずは気軽に試してみることをお勧めします。

製品名	提供企業	特徴
アグリノート	ウォーターセル株式会社	●アプリの入力方法がシンプルで分かりやすい ●利用料が比較的安価 ●機能が必要最低限に絞り込まれており、必要に応じてGAP取得支援サービス等と連携が可能
農場物語	イーサポートリンク株式会社	●使用農薬の自動チェック機能を備え、最新の農薬情報を基に、農薬の選定、使用方法、使用累積回数、使用上限回数等のチェックを行う ●生産計画に基づく作業指示の自動化機能を備え、指示漏れや作業ミスを削減してくれる
RightARM	テラスマイル株式会社	●農作物の収穫量や売上を、月ごと・圃場ごとなどの切り口で可視化が可能 ●アプリの提供だけでなく、PDCAを意識した事業評価／分析サービスも提供

出所：著者作成

図表：生産管理システムの例

- 農業経営もPDCAを行うことが当たり前に
- 様々なアプリが提供されており、自分にあったものを選ぶことが可能
- 無料でお試しできるアプリをまずは使ってみよう

29 生産管理システム〈事例〉

自身のニーズに合わせてアプリケーションを選択

ここでは、生産管理システムの事例をいくつか紹介していきましょう。

①アグリノート

数ある生産管理システムの中でも、作業予定／結果の記録や集計・閲覧をシンプルにでき、利用料も比較的安価なのが、ウォーターセルの「アグリノート」です。随時アップデートされ、機能が拡充しているとともに、外部サービスと連携しているため、生産者のニーズに応じて発展的な利用ができます。

アグリノートは、iOS・Android両方のスマホ／タブレットやパソコンに対応しているアプリです。航空写真マップを活用したシステムで、マップ上で生産者が保有する圃場区画の設定ができ、圃場ごとに「誰が」、「何の資材で」、「何の作業をしたのか」を簡単に記録することができます（**図表**）。圃場ごとの作業記録を自動集計してくれるので、作業計画と比較した進捗具合の確認や、収支分析が行いやすいです。

アグリノートの特徴として、データ入力の容易さがあります。生産管理アプリを利用する際のハードルの1つとして、これまで紙に書いていたことをスマホなどで入力する手間があります。スマホ操作にまだ慣れていない方もいらっしゃるでしょう。アグリノートの場合、比較的シンプルな入力画面、スマホ／タブレットのGPS機能を活用した自動記録下書き機能がある（Androidのみ）、井関農機と三菱マヒンドラ農機のアプリと連携した自動記録があることで、データ入力のハードルを下げています。また、農水省の実証事業ではColumn5で紹介する自律多機能型農業ロボット「MY DONKEY」とも連携しています。

アグリノートのもう1つの特徴として、生産者の必要性に応じて外部サービスと連携できることが挙げられます。アグリノートで記録したデータを、NECのGAP認証支援サービスと連携し、認証GAP取得のための記録管理にも使用できます（GAPについてはColumn1参照）。

アグリノートは、必要な機能を一通り備えるとともに、外部サービスと連携することで機能を拡充できるバランスのよいアプリと言えます。利用料金も月額

500円／組織と安いため、多くのユーザーが活用しています。

②農場物語

アグリノートと同様に、アプリケーション上での栽培計画／作業計画の作成、作業者の誰もがスマホで作業内容の入力が可能で、予実を分かりやすく表示する機能を提供してくれるアプリがイーサポートリンクの「農場物語」です。

加えて、農場物語の特筆すべき機能として、使用農薬の自動チェック機能があります。農林水産消費安全技術センター（FAMIC）が提供する最新の農薬情報を基に、農薬の選定や使用方法、使用累積回数、使用上限回数などのチェックを瞬時に行ってくれます。農薬は散布制限があるとともに、常に情報が更新されるので、農薬選定にかかる時間を削減したり、不慮の散布ミスを防げたりするでしょう。

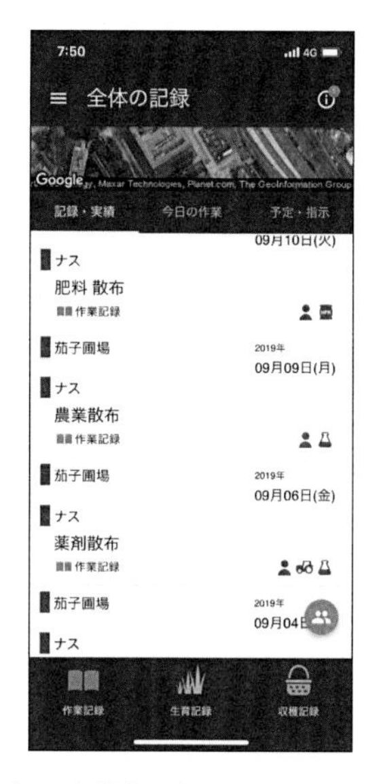

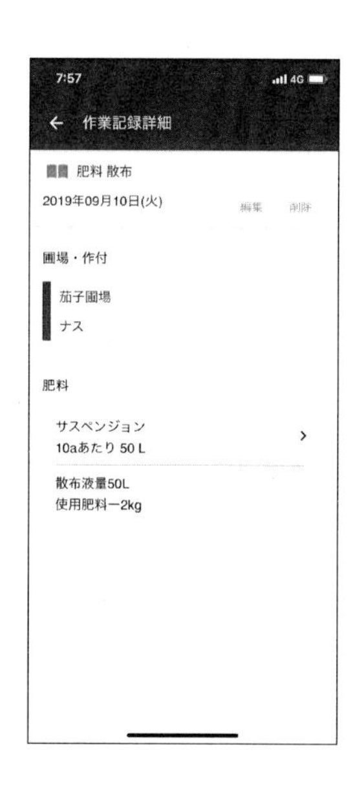

出所：日本総合研究所

図表：アグリノートの画面

- アプリを選ぶ際には、同じ作物を栽培している方に感想を聞き、その作物の生産管理の特徴に合致しているか確認するのも手
- シンプルなものから始めるのがお勧め

30 畜産向け生産管理システム

ICTを活用して、家畜の管理を高度化

ICT技術によるデータ活用はスマート農業の特徴の1つです。畜産分野においても稲作や野菜・果樹作と同様に、生産管理ソフトを用いて大量のデータを記録、分析、活用することで、生産性を向上させる取り組みが進んでいます。特に酪農や肉用牛経営では牛群管理システムの導入が進んでおり、一例として、Farmnoteなどが挙げられます。

多くの畜産においては、家畜が最重要の生産設備です。家畜を個体として管理するだけでなく、経営全体の家畜を「群」ととらえ、群として生産性の高い状態を維持することが収益性向上には不可欠です。この点が、基本的に毎年全量を収穫してゼロから植えなおす穀物や野菜の栽培管理との最大の相違点となります。

酪農であれば、個体として高い泌乳量の牛を揃えても、同じ年齢、産次の乳牛だけでは、いずれ高生産性を維持することは難しくなります。適切な年齢構成、産次構成になるよう、繁殖や淘汰のタイミングを調整することが群管理においては重要です。どの牛を残し、どの牛を淘汰するかという判断も高泌乳の牛群を実現するためのポイントです。中長期の時系列での生産効率の最大化を図るためには、高度な管理が欠かせません。

平均経営規模が拡大し、1つの経営が管理すべき家畜数の増加、内容の複雑化が進む中、生産管理をサポートする技術として、クラウド上での生産管理システムが実現しています。

畜産における管理手法として、作業記録を紙や表管理ソフトなどで記録する手法が一般的ですが、作業計画の策定に必要な情報をすぐに取り出すのは容易ではありません。近年普及が進んでいる生産管理システムを用いることで、必要な情報の記録、意思決定に役立つ形へのデータ集計、情報を活用した作業計画の策定を容易に行うことができます。大型の畜産農家、酪農家を中心に生産管理システムの導入が急ピッチで進んでいます。

作業内容をスマホなどで記録することで、牛群の状態や個体ごとの成績・作業内容、経営成績などをクラウド上で見える化することができ、経営者による確認

や従業員間での情報共有をスムーズに行うことができます。また、蓄積されたデータから、種付けのタイミング設定や淘汰牛の選定もサポートされ、必要な作業の見逃しや遅れの回避による経営改善効果も期待されます。

普及が進む生産管理システムですが、まだ畜産農家、酪農家のニーズを完全に満たしているわけではありません。今後、生産管理システムに期待されることは、経営体内外のデータをフル活用するための総合管理システムとしての機能です。農場内の他の機器により収集されるデータの連携や、気象情報などの利用により、データを最大限活かした経営をサポートすることが期待されます。

また、全国版畜産クラウドなど、経営間でのデータプラットフォームの基盤整備も進んでいます。そうしたデータを有効活用するためには、経営者と各種デバイス間のデータの橋渡しをするインターフェースが必要です。畜産農家・酪農家の統廃合や事業承継が増加する中、必要なデータを収集・分析し、経営者と各種デバイスに対し情報の受け渡しをする役割を持ったシステムの早急な構築が求められています。

生産管理システム

●**情報の整理**
経営者による入力、センシング機器との連携により集まった情報を利用しやすく整理

●**判断作業の補助**
収集したデータを用いて、発情、疾病兆候の見極め、淘汰牛の選定などに関する判断をサポート

経営者

●**作業の記録**
日々の作業を生産管理システムに記録

●**経営判断**
生産管理システムを利用した経営判断

他のデバイス

●**センサー等によるデータ収集**
収集したデータを生産管理システムに連携

出所：著者作成

図表：クラウド管理システムのイメージ

Point

- 牛群管理システムなど、生産管理システムによる経営判断支援が実用化
- 経営体内外でのデータ連携のインターフェースとしての役割に期待

31 農業データ連携基盤〈WAGRI〉

様々なアプリやデータベースが連携するプラットフォーム

栽培の生産性向上や農業経営の効率化に効果を発揮する生産管理システムですが、当初は利用料金の高さや使えるデータ・機能の少なさが課題でした。そのような状況を打破し、農業者が広くデータ駆動型農業を行えるように、政府（農林水産省、内閣府）主導で農業用のデータプラットフォームである「農業データ連携基盤」（通称：WAGRI）が構築されました。農水省が掲げるデータ駆動型農業の基盤であり、WAGRIを通して将来的に日本中の農業者がつながるようになります。

2017年度後半〜2018年度は内閣府SIP（戦略的イノベーション創造プログラム）の農業分野のプロジェクトとして、多くのシステム企業や農機メーカーが参画して、プロトタイプの構築と実証事業が実施されました。そして、2019年4月からは農業・食品産業技術総合研究機構（農研機構）が運営主体となり、WAGRIの本運用が開始されました。並行して、基盤の普及・利用促進に向けて「農業データ連携基盤協議会」（通称：WAGRI協議会）が設立され、2019年9月時点で350社を超える企業・団体が参加しています。

WAGRIは農業関連データの提供や共有の機能を有するプラットフォームで、農業者にとって有用な様々なデータベースと接続しています。農業者はWAGRIを介して気象、地図、農地、肥料・農薬、市況などの多種多様なデータを利用することができます。WAGRIが構築されたことで、WAGRIを通して各企業のアプリ・システムも様々なデータベースを利用できるようになるとともに、システム開発費の低減にもつながります。

WAGRIには、農業を支援するためのアプリも搭載されています。特に、農研機構の研究成果のアプリ化が積極的に進められており、いろいろなアプリの実装が進んでいます。代表例が、コメやムギの収穫期予測シミュレーションで、今後は野菜・果樹などを対象としたアプリも使えるようになっていきます。WAGRIの構築と合わせて、農水省では公費を投入する委託研究や実証プロジェクトの採択条件として、それらのプロジェクトを通して生まれたアプリなどの成果を積極的にWAGRIに実装することを定めており、今後は年々使えるアプリやデータベースが増えていく予定です。

WAGRIは、異なるシステム間でデータを共有する機能も有しています。これにより、例えば農業者が品目ごとに異なる生産管理システムを利用していても、データを統合的に扱うことが可能となります。内閣府SIPの現地実証では、複数の農機メーカーのデータを統合する機能が試行されています。

なお、農林水産省では農業者のデータの取り扱いを定めたガイドラインを制定しています。WAGRIもそれに従い農業者のデータを適切に管理しており、システム会社、政府などの第三者が勝手に農業者の個別のデータを閲覧・利用することはありません。

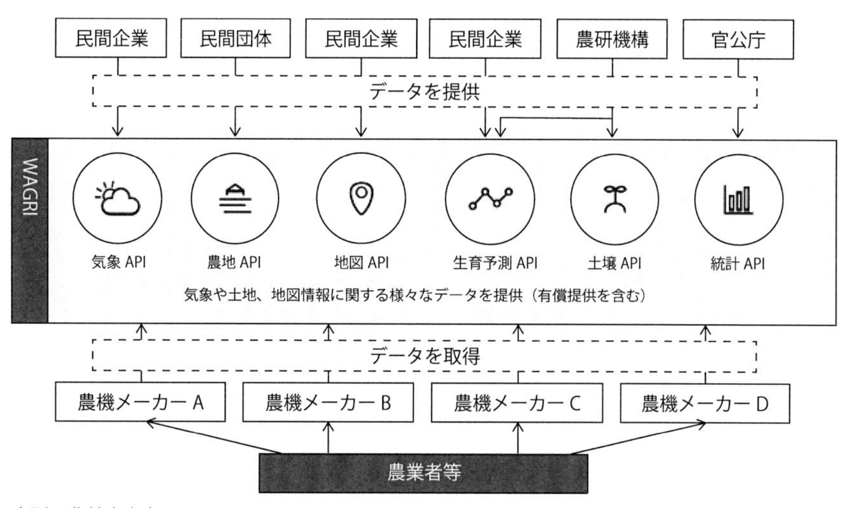

出所：農林水産省

図表：農業データ連携基盤の全体像

- 政府主導で農業データ連携基盤（WAGRI）を構築
- 農地、地図、気象、農薬、肥料などのデータを利用可能
- 今後、更に多くのアプリ、データベースが利用可能に

32 AIを活用した病害検出システム

AIで病害のリスクを大幅低減

“匠の頭脳”の「考える」機能の開発において、早期に実用化が進んでいるのが、AIを活用した病害検出システムです。病害が発生すると、作物の生産量が大幅に減少したり、質が低下したりといった被害があります。特に、温暖多雨な気候である日本では、病害発生リスクが高く、病害対策は儲かる農業を実現するために不可欠な作業です。

病害の発生を防ぐためには、病害虫や病害症状の早期発見が重要です。農業者はこれまで、圃場の作物の様子をこまめに観察し、自身の経験や知識をもとに小さな異常を発見することで、病害を検出してきました。しかし、経験の浅い農業者にとっては、作物の様子から病害発生を判断することは非常に困難です。また、規模拡大を進める農業法人では従来通りの細やかなモニタリングをする労力が足りない事態に直面しています。ここで、AIを活用した病害検出システムが役立ちます。

葉や実の様々な状態の写真を大量に撮影し、AIに学習させることで、病害検出システムが構築されます。農業者が手元のカメラやドローンやロボットに搭載したカメラで圃場の様子を撮影すれば、AIが瞬時に異常を検出できるわけです。経験不足の農業者による病害の見落としリスクが減るとともに、熟練農業者にとっても、見回りの手間が省けるというメリットがあります。

農水省の「人工知能未来農業創造プロジェクト」では、「AIを活用した病害虫早期診断技術の開発」がテーマの1つとなっています。2017年より、農研機構および大学や民間企業などの共同研究機関が開発を進めてきました。共同研究機関の1つである日本農薬は、NTTデータCCSとの共同研究で「病害虫・雑草診断ソリューション」を開発し、2019年4月にサービスを開始しました。本システムでは、農業者がスマホなどで撮影した病害虫や雑草の写真を基に、AIが種類を診断し、散布すべき農薬を提示します（**図表**）。

他に実用化されているものとして、ボッシュの「Plantect（プランテクト）」があります。ハウス栽培における環境モニタリングと病害予測を可能にするシステムです。各種センサーから温度湿度や日照量などのデータを取得してハウス内環境を見える化するとともに、当社が独自に開発したアルゴリズムにより、取得データから病害の発生を予測します。

病害検出技術に関してはすでに実用化段階で、今後は技術の精緻化とともに、他技術との組み合わせの検討に向かいます。オプティムは、AIによる病害検出とドローンを組み合わせた実証実験に成功しています。ドローンで撮影した写真を基にAIが病害を検出し、病害が検出された地点にドローンがピンポイントで農薬を散布するシステムです。

更に、システム会社や農業資材メーカーにとっては、病害検出と自動発注システムとの組み合わせで最適な農薬の購買を助けるシステムを構築するといったように、他のスマート技術との掛け合わせによる発展モデルにビジネスチャンスがあります。

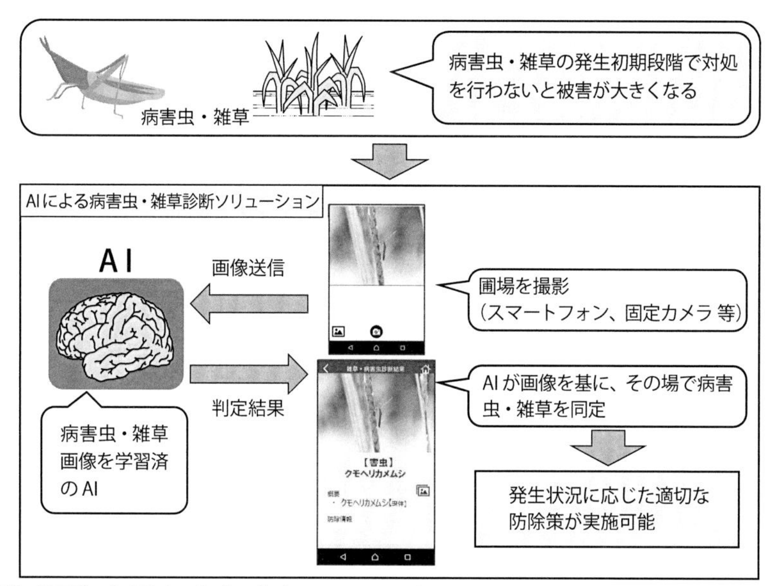

出所：NTTデータCCSホームページ　http://www.nttdata-ccs.co.jp/topics/2019/0409.html

図表：「病害虫・雑草診断ソリューション」のイメージ

Point

- カメラ・センサー ＋ AIで病害を自動検出
- 病害の知見が不足している経験の浅い農業者や管理が困難な大規模農業者のニーズに合致

33 AIを活用した収穫量予測

AIによる画像解析で収穫計画を精緻化

農作業の中で、収穫作業は多くの人手を要する作業です。農業者は、作物の大きさや色づきなどの成熟度合から収穫日や収穫量の見通しを立て、気候条件などを踏まえて微調整を行います。収穫時期を逃すと品質が悪化し、価格が下がるため、最良のタイミングを見計らって収穫を行う必要があります。そのため、農業者は限られた期間で作業が完了できるように、収穫量に合わせた人員確保に努めています。もし、計画と作業時間に大きなずれがあった場合には、規定の出荷時間に間に合わず出荷できなくなってしまうような場合もあります。

そこで、収穫量を正確に予測するために、AIを用いて分析を行う手法の活用が始まっています。日鉄ソリューションズでは、スマート農業技術の開発・実証プロジェクトの中で、ブドウの収穫量を予測する技術について実証しています(**図表1**)。この技術は、圃場内で撮影したブドウの写真を基に学習させた3つのモデルを組み合わせたものです。それぞれのモデルの役割は、房の検出、房の大きさの推定、房の重さの推定で、特に3つ目のモデルでは、房の大きさと重量の相関を明らかにしています。収穫の約2週間前に圃場内を撮影すれば、撮影した写真に写っている房の大きさから重量を算出し、収穫量が推定されます。

従来、圃場の農作物を細かくカメラで撮影するのは非常に手間がかかり、こうした分析システムは現実的ではなかったのですが、スマート農業の普及により、実用化のタイミングが近付いています。ロボットやドローンに搭載したカメラで画像取得を行えば、機械学習に必要なデータの収集が加速するため、技術開発のスピードも上がります。また、日々の作業と同時に写真撮影すれば、撮影の頻度を高めることができ、より精度の高い予測が可能となります。

収穫予測は、収穫の作業計画の場面だけではなく、加工や販売の場面でも活用できます（**図表2**)。観光農園の場合は収穫量に合わせて、予約者数や来場者数などを調整することで、収穫物の不足やロスを防ぐことができます。また加工工場では、工場での作業者数の調整や、加工に使用する資材や材料などの在庫確認を行い、稼働の最適化を行うことも有効です。前述のブドウの収穫量予測の場合、収穫量を基に果汁の貯蔵量を事前に推定し、貯蔵量に合わせて最適な容量のタンクを用意することができ、設備を最大限活用することが可能となります。

出所：日鉄ソリューションズ株式会社

図表1：重量予測アルゴリズムによる予測結果

分類		活用場面
生産		●収穫時期の推定 ●作業者数・作業時間の事前調整
販売		●出荷先のマッチング ●出荷用資材の調達量調整
6次産業化	加工	●加工用資材の調達量調整 ●加工ラインの稼動の調整（作業者数・作業時間の調整を含む） ●原材料の外部調達の必要性検討
	観光農園	●イベント実施時期の調整 ●来場者数の調整

出所：日本総合研究所

図表2：収穫量予測の活用場面例

- AIによる画像解析で収穫量や収穫時期を予測可能
- いかに楽に画像取得するかが普及のカギ
- 収穫量が予測できれば加工や販売の最適化につながる

34 収穫予測アプリケーション

収穫タイミングを見える化。穀物を中心に収穫時期を科学的に予測

コメ、コムギ、トウモロコシなどの穀物は、主食として欠かせない作物です。安定的に穀物を生産し、食料供給を維持するために、様々な視点から世界的に研究が進められています。特に、生育状況を見える化する研究が盛んです。日射量、気温、CO_2濃度などの変化に応じて収量や収穫時期がどの程度変化するのかシミュレーションを行うものや、施肥のタイミングや肥料の成分構成によって生育がどのように変化するか研究しているものなどがあります。

こうした知見を、農業者の作業に役立つツールとして提供することで、資材の使用量の削減や、収穫量の向上が可能です。近年では、気候変動による高温障害などの生育障害も顕在化しており、こうした被害を減少させるためにも必要なツールです。

日本国内では、2019年にコメ、コムギ、ダイズを対象とした栽培管理支援システムがリリースされました。これは農研機構とビジョンテックを中心とした共同研究グループが、内閣府のSIP「次世代農林水産業創造技術」の中で研究してきたものです。

このシステムでは、農研機構が開発・運用する「メッシュ農業気象データシステム」と、作物の生育や病害発生などに関する予測モデルを組み合わせて用いています。メッシュ農業気象データシステムは、全国各地の気象データを1km四方の単位で提供するシステムで、気温、降水量、日照時間、風速などの14の情報を得ることができます。私たちが一般的に使用している天気予報よりもはるかに細かいデータとなっています。

農業者（ユーザー）は栽培管理支援システムのホームページにアクセスし、利用者登録を行った後にログインします。初期設定として、地図上で圃場の位置を選択し、栽培品目・品種・播種日などを入力して作付け情報を登録します。例えば水稲の場合、「栽培管理支援情報」の画面で、現在の発育ステージの推定や、幼穂形成期・出穂期・成熟期の予測に関する情報を得ることができます。ユーザー自ら測定した葉色などのデータを入力することで、高温登熟環境下における

品質被害の軽減に効果的な追肥量の診断などの情報も得られます。他にも、収穫や移植の適期診断、紋枯病や稲こうじ病の発生予測なども活用できます。また、「早期警戒情報」の画面では、異常高温・低温およびフェーンの警戒情報も配信されており、水管理などの事前対策を検討するために使用できます（**図表**）。

このシステムはAPI化されて農業データ連携基盤（WAGRI）にも実装されており、農業者が普段から利用している生産管理アプリケーションの一部との連携が始まっています。生産管理アプリケーション上で予測結果を活用できるため利便性が高く、今後多くの農業者の役に立つツールとなっていくと期待されています。

情報の種類・作目		利用期間	コンテンツ名
早期警戒情報		栽培中	高・低温情報
			フェーン注意情報
栽培管理支援情報	水稲	栽培中	発育予測
			収穫適期診断
			高温登熟障害対策 〜追肥診断〜
			冷害リスクと追肥可否判定（寒冷地向け）
			あきだわら栽培管理支援
			紋枯病発生予測
			稲こうじ病発生予測
		作付計画	移植日決定支援
			施肥設計支援
			基肥窒素量の調整判断支援（寒冷地向け）
	小麦	栽培中	発育予測
			子実水分予測
	大豆	栽培中	発育予測
			灌水支援
		作付計画	作付計画支援

出典：農業・食品産業技術総合研究機構

図表：栽培管理支援システムが提供する栽培管理支援情報と早期警戒情報

- 研究機関の生育予測の研究成果がアプリケーションに
- WAGRIを通して生産管理アプリケーションと連動
- 収穫タイミングが予測できることで、人員や農機の配置の最適化に貢献

Column5

MY DONKEYの構造と活用シーン

日本総合研究所では、自律多機能型農業ロボット「MY DONKEY」（以下、DONKEY）に取り組んでいます。**Column5〜9、38項**ではDONKEYについて解説します。

DONKEYは**図表1**のように環境認識・制御を司るベースモジュール、圃場環境・土壌状態に応じて可変可能な走行モジュール、品目や栽培工程で切り替える作業アタッチメントの3つのモジュールから構成されています。

ベースモジュールはカメラなどの各種センサ、CPUなどの制御機構、バッテリーなどの給電装置、クラウドとの通信機能を備え、中核を成しています。走行アタッチメントは、土壌や畝などの状態を鑑み、幅・高さ・タイヤなどを調整した複数のタイプを用意する計画です。作業アタッチメントは、播種・除草・施肥・農薬散布・かん水・摘果・摘葉・収穫などの栽培工程によって使い分けることができます。

このように、ベースモジュールを共通機構としながら、品目・栽培工程による多様性を着脱式のアタッチメントで吸収することで、様々なシーンで活用できる多機能性、低コストという特徴を両立します。

DONKEYの活用シーンをいくつか紹介します。**図表2**は、DONKEYが農業者を認識し、一定の距離を保ちながら自動追従し、収穫した農産物を運搬している様子です。自動追従のため、リモコンなどでの操作が不要であり、農業者は両手を自由に使用することができます。農業者は、DONKEYを使うことで重量物の運搬に伴う負担やコンテナ搬出作業から解放されます。この機能によって、体力がない高齢の農業者や女性でも作業が行いやすくなり、営農を継続することが可能です。

図表3は、DONKEYが農薬タンクと噴霧装置を搭載し、防除作業を支援している様子です。背負い式の動力噴霧器を使用する場合に比べ、20 kg以上のタンクを背負う必要がなくなります。タンクに農薬を充填する頻度が減り、効率化にも寄与します。**図表4**は、サントリーなどと共同で実証している農薬の自動散布の様子です。大量の農薬の効率的な散布や農薬への暴露軽減といった農業者の希望に応え、農薬を供給するホースを自動で巻き取るホースリールア

タッチメントと散布ノズルをDONKEYに搭載し、DONKEYが自律走行しながら農薬を自動散布する仕組みを研究中です。

今後、走行アタッチメントおよび作業アタッチメントは、様々な種類を順次拡充する計画です。

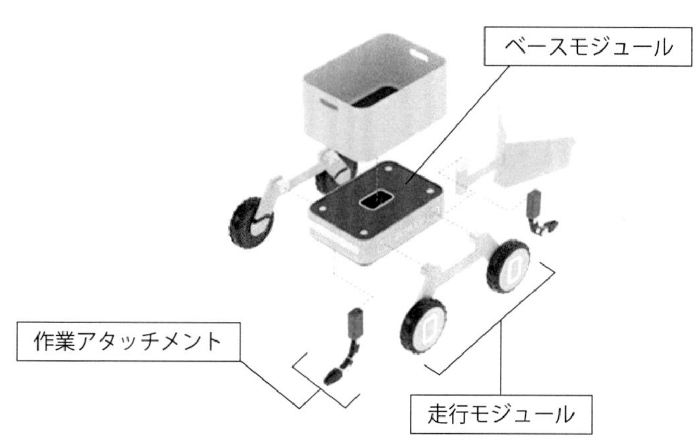

出所：日本総合研究所

図表1：MY DONKEYの3つのモジュール

出所：日本総合研究所撮影

図表2：自動追従するMY DONKEY

（注）本書で紹介しているMY DONKEYの仕様・サービスは実証用であり、今後変更される可能性があります。

出所：日本総合研究所撮影

図表3：農薬タンクを搭載したMY DONKEY

出所：日本総合研究所撮影

図表4：MY DONKEYによる農薬の自動散布

第6章

スマート農業の“匠の手”

35 自動運転農機

様々な農機の自動化が急速に進展

生産者の高齢化や経営農地の拡大に伴い、農作業の省力化が欠かせなくなっています。これまでにも農業では様々な分野で機械化の取り組みがなされてきましたが、近年急激に進展しているのが自動運転農機です（**図表1**）。

自動車の自動運転と同様、自動運転農機も基本的にGPSやQZSS（準天頂衛星システム）などの位置情報を利用し、予め設定されたコースを農機自らが走行します。圃場の場合は一般道路のような地図や白線などのガイドとなるものがないので、最初は手動運転で圃場マップを作成したり、マーカーあるいは補正情報発信の基地局を設定したりする準備を行います。その後の自動走行に関しては数㎝の誤差範囲で作業でき、農作業での実用レベルに達しています。また、農水省では2017年3月に「農業機械の自動走行に関する安全性確保ガイドライン」を策定しており、メーカーがこれを順守することで実際の圃場でも自動走行を安全に行うことができるようになりました。

これまで農機の操作にあたっては、メーカーの研修などは実施されているものの、生産者の熟練度によって生産性が左右されると言われてきました。自動運転農機はこうした問題にも対応するもので、各地で行われた実証試験でも「これならば新規就農者など非熟練者でも作業可能だ」という生産者の肯定的な意見が得られており、今後の普及が期待されています。

自動運転農機の研究は北海道、東北などの大規模圃場での利用を想定したものから始まったため、現在実用化されているものの多くは大型機ですが、より全国の一般的な圃場でも活用できるような小型機も出てきています。対象とする作業も畝立てや施肥のような栽培初期段階から、収穫・調整段階まで様々です。また、従来の農機のハンドルに後付けする形で「自動操舵（操縦者が乗った状態でハンドル操作を自動化）」を実現する装置もあります（**図表2**）。

一方、自動運転農機の課題は高額な導入費用です。農機は特定の作業と紐づいており、1つの圃場に対しては数日間だけの稼働であるのが一般的です。実証試験でも生産者から「性能はよくても費用が高すぎると導入できない」という声が挙がっており、導入費用を回収できるだけの稼働率を確保するため、グループで購入して数日ずつシェアして利用するシェアリング方式などの利用料プログラムをメーカーが用意するなどの工夫が求められます。こうした取り組みは単独の生産者だけでは難しいことも多く、産地全体で自動運転農機をどう導入・活用していくかの計画が必要になります。

写真協力：株式会社ヤンマー

図表１：自動運転農機の例（トラクター）

写真協力：株式会社トプコン

図表２：自動運転農機の例（ハンドル後付型自動操舵）

Point

- 自動運転農機は技術的にはすでに実用段階
- 多様な品目・農作業への適用に向け取り組み中
- 生産者の導入拡大には稼働率向上の工夫が必要

農業ロボット①
除草ロボット

農業者を悩ます除草作業をロボット導入で手軽に

露地栽培における除草は、農業者を悩ます骨の折れる作業の1つです。除草を怠ると、雑草が繁茂し作物に必要な水分や養分を奪い、作物の成長を阻害します。更に雑草が成長すれば、本来作物に行き届くはずの太陽光まで遮り、作物の生育不良による収穫量の減少につながります。また、水田の畦畔で雑草が繁茂すると、水路からの水漏れを引き起こしてしまいます。

このような大変重要な除草作業について、農業者の減少や高齢化のため十分な対応が難しくなってきており、ロボットを通じて簡易化・自動化するというニーズが高まっています。実際の雑草への対処は、まずは雑草の発生を予防することから始まりますが、ここではすでに発生してしまった雑草を取り除くロボットに焦点を当てます。

雑草を取り除く方法は、抜き取る・刈り取るなどの物理的対処と、除草剤などの薬剤散布があります。いずれの方法においてもIoT・AIといった先端技術を駆使した除草ロボットが台頭し、社会実装が始まっています。

現行の物理的対処では、圃場環境に応じてハンディタイプの簡易草刈り機や人が運転する乗用型の草刈り機が活用しています。現在開発が進められているのが、後者の乗用型草刈り機を無人で自動化する試みです。農水省は1台50万円という価格目標を設定し、官民連携の体制で開発を加速させています。そのような中、ひと際注目されるのが、和同産業が開発した自動走行無人草刈機「KRONOS（クロノス）」です（**図表**）。

KRONOSは、予め充電ステーションと自動走行の範囲を定めるガイドワイヤーを設置するだけで、超音波センサーと接触センサーを活用し、自動でエリア内の除草作業を行うロボットです。バッテリーの残業が少なくなると、自ら充電ステーションに戻る、まさに除草版「ルンバ」なのです。和同産業は、2020年1月現在、標準設置費用込みで49万5,000円（税抜）でKRONOS の先行予約を受け付けており、2020年2月以降納入を開始する予定です。

更に除草剤を効率的に散布するロボットの開発も進んでいます。近年、国連サミットで採択されたSDGsをはじめ、食料生産の持続可能性が重要な課題になっています（**56項**で詳述）。とりわけ、除草剤などの化学農薬は、環境への負荷が大きいため、必要な箇所に必要な量だけ散布する、ピンポイント散布が注目されています。また、農業薬剤の費用は、農業経営費全体の約1割弱を占めており、そのうち除草剤は4～5割に相当するため、除草剤のピンポイント散布のもたらす経営上のインパクトも非常に大きいのです。

例えば、スイスのベンチャー企業ecorobotixは、自律走行しながら除草剤のピンポイント散布を行うロボットを提供しています。このロボットは、画像センサーで作物と雑草を識別し、雑草を85％以上の精度で特定できます。雑草にのみピンポイントで薬剤散布を行うことで、従来の一面散布の方法に比べ、除草剤の使用量を95％削減することが可能です。

写真協力：株式会社和同産業

図表：自動走行無人草刈機「KRONOS」

Point

- 農業者を悩ます除草作業に対し、除草ロボットがいよいよ社会実装
- 草刈りを自動で行う“除草版ルンバ”が50万円程度で台頭
- 薬剤のピンポイント散布では、除草剤の95％を削減可能なケースも

37 農業ロボット②
収穫ロボット

収穫作業を変容するロボットが従量課金型サービスとして登場

収穫作業は、農作業の中でも特定の時期に集中して発生するのが特徴で、農業者にとって負担の大きい作業です。収穫適期を逃すと、作物が熟しすぎたり、大きくなりすぎて販売規格から外れてしまうため、時間との闘いでもあります。近年は、消費者のニーズに対応した朝採れ野菜など、鮮度を重視する商品開発も進んでおり、結果として農業者の負担はますます増大しています。

このような収穫作業を劇的に変容するロボットの開発が進んでいます。収穫作業は、作物が収穫適期を迎えているかの判断、作物の収穫、収穫物の運搬などから成り、高度な判断や重量物の運搬などが発生します。一般的には、ベースとなるロボットの移動・運搬機能に加え、カメラによる画像認識、収穫を担うアームの制御などの機能が備わっています。特に、画像認識による作物の識別と収穫要否の判断は、実際の画像をデータとして蓄積し、機械学習を通してその精度を飛躍的に高めることが可能です。

収穫ロボットの事例を紹介しましょう。まず、パナソニックの手掛けるトマトを対象にした収穫ロボットです。トマトは市場規模が大きく、周年供給のニーズがあるため、収穫工程におけるロボットの活用が期待されています。トマトの苗が植えられている畝と畝の間にレールを敷設し、当該レール上をロボットが移動します。パナソニックが独自に開発した距離画像センサーと画像処理アルゴリズムにより、果実の場所、色や形を高精度に特定し、十分に熟れた果実を判定することができます。実際の収穫は、収穫アームの先端部分にリングが装着されており、このリングで果実を引っ掛けて枝から引き離し、アームの下部に備え付けられたポケットに果実を落とす仕組みです。この独自の機構により、95%以上の果実を傷つけずに収穫することに成功しています。今後は、畝を一巡して連続稼働した場合の安定性・安全性の確保やコスト低減の両立を目指し、実用化に向けて開発が進められています。

近年注目されるのが、収穫ロボットを従量課金型のサービスとして提供する、ユニークなベンチャー企業inahoです。先述した通り、収穫ロボットは、機体の自律移動、画像認識、収穫アームの制御など、複数の高度な技術を組み合わせており、高コストになりがちです。農業者にとって、ロボット導入のハードルは高くなってしまいます。しかし、inahoは、収穫物という成果に基づく従量課金型の料金体系を確立し、自動収穫ロボット「inaho」をサービス（RaaS：Robot as a Service）として提供することで、農業者の負担を軽減しています。収穫ロボットに限らず、新規性の高い農業機械への投資は身構えてしまう農業者も多いので、新しい技術の導入を後押しする仕組みとして注目されています。

inahoは圃場内に予め敷設した白線に沿って自律移動し、カメラで農産物を捉え、アームで農産物を自動収穫します。料金プランは、当該ロボットによって収穫された農産物に対し、それらを市場価格で販売した場合の一定割合がRaaSの料金となります。2019年10月に正式にサービス提供を開始し、最初のターゲットであるアスパラガスで稼働中です。今後は手で収穫する農産物を中心に、キュウリ、イチゴ、トマトなど、適応できる農産物の種類を拡大していく構想とのことです。

写真協力：inaho株式会社

図表：自動収穫ロボット「inaho」

- 収穫作業を自動化するロボットの開発が進展を見せている
- 機械学習などで画像認識の精度が飛躍的に高まり、収穫歩留まりが向上
- 農業者の負担を軽減する従量課金型のビジネスモデルも誕生

38 農業ロボット③ 多機能型ロボット

農業者に寄り添い、ともに成長するロボット

農業ロボットの技術革新が進み、1つのタスクのみを担う単機能型ロボットだけでなく、複数のタスクもこなせる多機能型ロボットが出始めています。ここでは、Column5で紹介した、日本総合研究所が中心となって社会実装を進めている自律多機能型農業ロボット「MY DONKEY」（以下、DONKEY、**図表1**）の基本コンセプトについて紹介します。

DONKEYは、農業者に寄り添い、ともに成長していくロボットを志向しています。その特徴は、中小規模の野菜、果樹、花卉などを栽培する農業者を主な対象としており、その圃場に合わせた小型で小回りが利き、多機能型の自律ロボットという点にあります。

第1章で紹介した通り、日本の農業は中山間地域を多く有し、地域で独自の品目や栽培方法が磨かれている点にあります。具体的には、**図表2**にあるように、10ha未満の小・中規模の圃場が全体の70％以上を占め、しかも人手をかけ少量多品種の栽培が営まれています。これらの品目や栽培工程に特化した専用機械を目指すと、市場が細分化されて生産ロットが伸びず、どうしても高コストになり、農業者の負担になってしまいます。

そこで、DONKEYは小回りの利く小型のロボットとして、これらの農業に共通して求められる移動・運搬機能を土台（ベースモジュール＋走行モジュール）として提供します。専門性を要求される作業に対しては、着脱式の追加アタッチメントで対応することができる多機能型の農業ロボットです。こうした構造によって、ベースモジュール部分のコスト削減を徹底するとともに、対応可能な品目、作業を専用機（単機能ロボット）よりも飛躍的に増やすことでロボットの稼働率を高め、農業者にとっての実質費用を低く抑えることができます。

DONKEYは、①その多機能性で農業者の負担軽減や省力化に貢献し、②農作業支援・代替を通じて様々なデータを取得、クラウド上で管理・共有を図り、③データに基づく独自サービスによって農業生産性向上や農産物流通を高度化するという、3つのイノベーションを実現します。これらについては、Column6で解

説します。

DONKEYは、農業者に寄り添うところからスタートし、農業の将来像である「データ駆動型の超高効率・高品質の農業」におけるゲートウェイとなり、地域農業のプラットフォームとして成長していきます。

出所：日本総合研究所

図表1：自律多機能型農業ロボット「MY DONKEY」

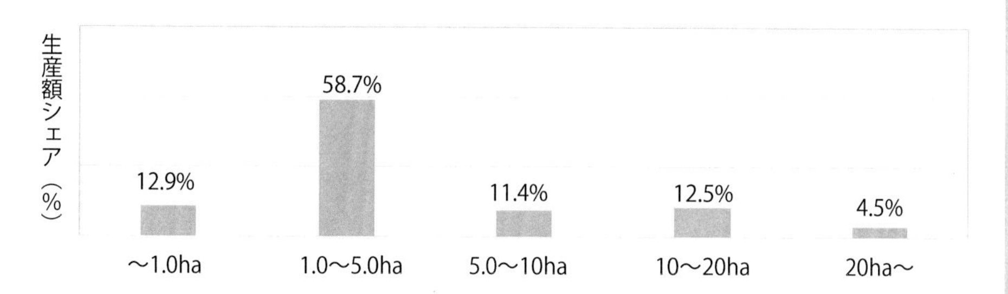

出所：農林水産省統計

図表2：農地の経営面積ごとの生産額シェア

- DONKEYは多機能性を備え、様々なシーンで農業者の負担軽減・省力化に貢献
- 作業支援を通して自動的に種々のデータを蓄積し、クラウド上で管理・共有
- データに基づく独自サービスで、農業生産性を向上させ、農産物流通を高度化

39 畜産ロボット①
搾乳ロボット

搾乳の自動化で酪農の働き方改革を実現

畜産の中でも酪農は1人当たりの労働時間が最も長い業種です。特に搾乳は従事者にとって負担の大きい作業で、酪農経営における作業時間の約半分を占めます。そこで、ロボットによる自動化の実現による負担軽減が期待されます。

搾乳ロボットを活用した牛舎では、乳牛が自発的に搾乳ロボットを訪問し、ロボットが全自動で搾乳や乳頭の洗浄、給餌などを行います。これまで搾乳は「朝晩の決まった時間にまとめて行う」作業でした。搾乳ロボットにより、搾乳が「24時間いつでも、乳牛ごとの自発的なタイミングでロボットが行う」ものに変わることで、酪農従事者は長時間労働や時間的拘束から解放されます。搾乳ロボットの主なメーカーとして、レリー社、デラバル社、GEA社などが挙げられ、いずれも国内での導入事例数を伸ばしています。

搾乳の自動化により、出荷乳量の増加も期待できます。ロボット未導入の経営では作業負担の重さから1日2回の搾乳に留まっていることがほとんどですが、搾乳ロボットを導入した経営では、1頭当たりの搾乳回数は平均2.4～2.9回になり、出荷乳量が増加したという事例が報告されています。

また、近年の搾乳ロボットでは搾乳と同時に個体ごとの搾乳量、給餌量、泌乳特性、体形などのデータを収集することが可能であり、データ活用による経営改善も期待されます。

一方で、搾乳ロボットの導入にあたっては留意点があります。投資の高額さはその1つです。搾乳ロボット自体の導入費に加え、牛舎の構造もそれに合わせた設計であることが求められ、牛舎の改装あるいは新築も必要になることも鑑みれば、相当な高額投資になります。労働時間の削減、乳量の増加による収入増がもたらす便益だけでは、導入コストをカバーしきれないという報告もあります。

経営改善を実現している農場では、搾乳ロボットにより空いた作業時間と、集まったデータを最大限活用し、経営の質を向上させています。例えば、乳質データを活用した疾病の早期発見や、発情情報を活用した授精率の改善が所得や利益の向上のためには重要です。

搾乳ロボットを最大限活用するために重要なのは、データを経営改善につなげることのできる経営能力であると言えるでしょう。搾乳ロボットがより効果的に活用されれば、国内酪農の生産性向上が実現します。

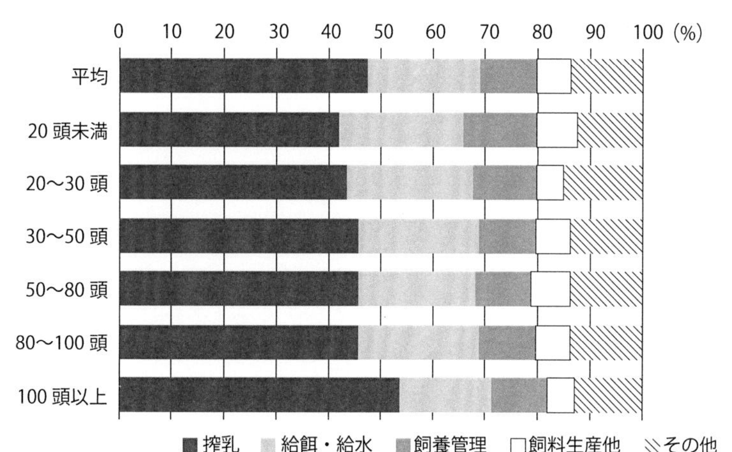

出所：農林水産省「畜産物生産費統計」（平成 30 年）を基に著者作成

図表１：搾乳作業が作業時間に占める割合（経営規模別）

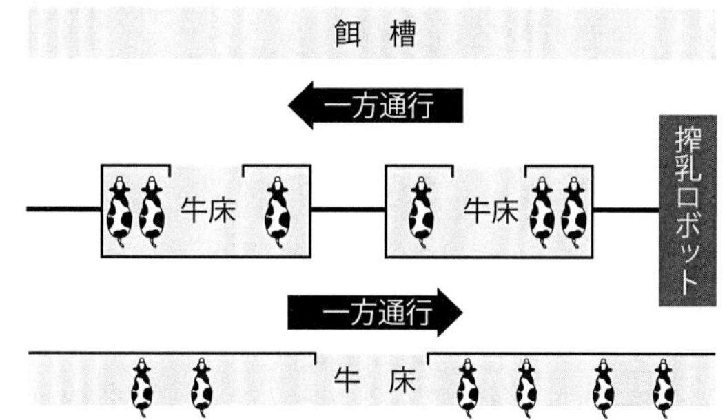

一方通行でのゲートで牛舎を仕切り、餌を食べるには搾乳ロボットを通るようにするレイアウト。いつでも自由に搾乳ロボットや餌槽を訪問できるレイアウトや、餌槽にはあえて栄養価の低い餌のみを置き、搾乳ロボットで与えられる栄養価の高い餌を誘因にするレイアウトもある。

出所：著者作成

図表２：牛舎レイアウトの例

- 搾乳ロボットにより、搾乳作業の効率化や生産量の増加が期待できる
- 経営改善に活かすためには、搾乳ロボットが生み出すデータの活用が重要

畜産ロボット②
給餌ロボット

生育促進、ロス削減、作業時間短縮を同時に実現

畜産の中での重要な作業の1つに給餌（エサやり）があります。給餌は家畜の健康を維持し、高い生産性を実現するための不可欠な作業ですが、作業時間の多くを占める重労働であり、作業時間の削減、軽労化のための設備導入が進んでいます。

エサの内容・量や給餌のタイミングは最終的な出荷体重や出荷乳量に大きく影響します。給餌技術は畜産経営における重要なノウハウであるにも関わらず、多くの経営では農業者の勘と経験によって調整されています。経営規模の拡大、事業承継、労働力不足などの観点から、データ活用による効率化が重要な課題となっています。

給餌ロボットの導入効果を見てみましょう（**図表**）。牛、豚、鶏の各畜種において、すでに自動給餌設備の普及が進んでおり、作業時間の短縮・軽労化を実現しています。また、自動給餌により、飼料効率の改善も期待されます。これまで給餌回数は労働力の限界により制約されており、家畜のお腹の空き具合に必ずしも対応できていませんでした。これに対して、給餌ロボットはプログラムによる多回数給餌の実現により、家畜にとって適切なタイミング・回数の給餌が可能です。栄養補給が効率化し、生産性が向上するとともに、食べ残しを削減する効果もあります。SDGsへの関心が高まる中、給餌ロボットの環境負荷や食品ロスを削減する効果にスポットライトが当たっています。

更に、給餌ロボットの導入は衛生対策の強化にもつながります。人手での給餌では、飼料搬入車を舎内に入れるため、外部からの病原菌の持ち込みなど、舎内衛生への悪影響が懸念されます。一方、給餌ロボットではそうした懸念はありません。CSF（いわゆる「豚コレラ」。消費者が誤解しないよう「豚熱」に改称）や鳥インフルエンザの脅威が高まる中、衛生管理レベルを向上する仕組みとして再注目されています。

近年では、飼養管理ソフトや他の機材・システムとの連携により、個体・群ごとの高度な給餌調整を実現する技術も実用化が進んでおり、勘と経験による給餌からデータに基づいた給餌へと、給餌技術の革新が進んでいます。

肉用牛経営は、畜産の中で給餌に割く時間が最も多く、かつ給餌技術が最も生産性に影響します。センシング機器も活用した精密畜産の研究が進んでおり、将来的には個体ごとの血液成分に応じて、ロボットにより適切な量、栄養素構成の餌を与えることで、これまで以上に生産性の高い経営が可能となります。

養豚では、ICタグによる個体識別を用いた給餌システム・設備が普及し始めています。設定した給餌プランに基づき、個体ごとに適切な給餌量を与えることができます。更に給餌の際に飼料摂取量や体重を測定することで、個体ごとの増体速度、飼料要求率などのデータを収集し、活用することも可能になっています。

データによる精密な給餌が実現するにあたっては、飼料自体の栄養構成も正確に設計される必要があります。現在、飼料生産の現場やTMRセンター*による飼料調整においてもICT技術を使った技術革新が進んでいます。給餌技術の革新に伴い、飼料生産、調整、流通という飼料バリューチェーン全体のスマート化が進展することも期待されます。

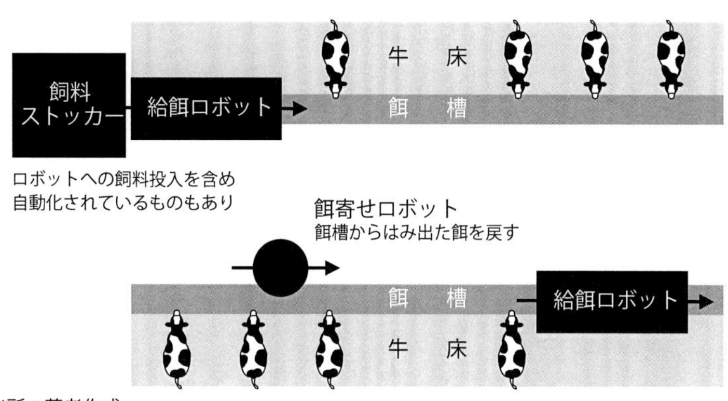

出所：著者作成

図表：牛舎における給餌ロボット導入のイメージ

＊ TMR センター：家畜の養分要求量に合わせて粗飼料と濃厚飼料を適切に配合した飼料（TMR）を地域の畜産農家に供給する組織。

- 給餌作業の効率化により、作業負担の軽減や飼料効率を改善
- データを活用した給餌技術の精密化により、生産性を向上

41 作業用ドローン

空から短時間で効率的に、農薬や肥料を散布

水田などでの農薬散布は、軽トラに大型タンクと動力噴霧器を載せて、農作業者がホースを引きながら作業しています。液体の入ったホースは重く、体への負荷が高い大変な作業です。ヘリコプターを使用して農薬を散布する場合もありますが費用が高く、また大面積の圃場での散布に適しており、すべての圃場で使用できるわけではありません。近年、減農薬のコメや野菜が増えてきていますが、減農薬する場合、散布すべき箇所を特定し、散布量を調整することは容易ではありません。

そこで活躍するのが作業用ドローンです。農薬や肥料を入れたタンクと散布ノズルを搭載したドローンが、低空で飛行しながら散布します（**図表**）。リモコンによる操作だけでなく、自動飛行・散布機能の付いたものもあります。機種にもよりますが、散布するのにかかる時間は約10分／haで、通常の人手による散布作業と比較して時間を短縮できます。また、急傾斜地など、人が入りにくい場所での散布作業の軽労化にもなります。更に、作物によっては23項で紹介したドローンによるモニタリング結果と合わせ、病害虫が発生しているエリアにピンポイントで農薬を散布する技術も普及が始まりました。

散布に対応したドローンは、様々なメーカーから販売されています。タンクの容量も約5～15Lと幅があり、粒剤散布への対応／非対応、自動飛行・散布の対応／非対応など、機能と価格にそれぞれ特徴があります。特に、薬剤が作物にかかりやすくするために、プロペラから発生したダウンウォッシュ*を利用して薬剤を吹き降ろすタイプの散布機はお勧めです。価格は、機能や大きさなどに応じて約80～300万円です。**23項**で紹介した農水省のドローンカタログなどを参考にしてみてください。

散布作業の効率化につながるドローンですが、いくつか注意すべき点があります。まず、ドローン散布の前に飛行の承認申請が必要で、個々人もしくは機体メーカーや販売代理店などによる代理申請が必要です。また、ドローン散布を行うために必須となる特定団体の資格（免許・ライセンス）はありませんが、飛行

の承認にあたって一定の技術・飛行経歴が必要とされています。こうした技能について、民間団体で講習を受けることが可能です。こうしたドローンで散布する際に確認しておくべき事項をまとめた資料を農水省が公表しています**。

農薬の種類が「散布」、「全面土壌散布」などとなっていても、その使用方法をはじめ、希釈倍率、使用量などを遵守すればドローンでの散布が可能です。一方で、ドローンは積載重量が少なく、薬剤タンクの容量が小さいため、高濃度・少量での散布が可能な“ドローンに適した農薬”を農水省が公開しています***。

ドローンでの散布を行いたいが、自身での操縦に自信がなかったり、教習を受ける時間がないといった場合は、ドローンによる散布作業を受託している事業者を活用するのも手です。オプティムは、「DRONE CONNECT」という散布して欲しい生産者とドローンパイロットをマッチングするサービスを行っています。このサービスでは、生産者はドローンを購入したり、散布前の許可申請や教習を受ける必要がありません。

出所：農林水産省「農業用ドローンの普及に向けて」

図表：ドローンによる農薬・肥料の散布イメージ

＊ダウンウォッシュ：回転翼から吹き下ろされる風。
＊＊農林水産省「ドローンで農薬散布を行うために」：
https://www.maff.go.jp/j/kanbo/smart/pdf/nouyakusannpu.pdf
＊＊＊農林水産省「ドローンで使用可能な農薬」：
https://www.maff.go.jp/j/kanbo/smart/nouyaku.html

- 空から散布できるが、タンク容量の小ささが課題
- AIによる施肥診断や病害虫診断と組み合わせて、ピンポイントで効率的に散布する手法も登場

42 水田自動給排水システム

水管理の労働力を大幅に削減

水田作経営は、野菜作や果樹作などと比較して面積当たりの農業所得が少ないため、他の営農類型と同等の農業所得を得るには、経営規模の拡大が不可欠です(**参考資料**に概要記載)。農業者数の減少が進む中、見方を変えれば、1経営体当たりの経営規模拡大のチャンスと捉えることもできます。実際、東北・北関東・近畿など各地の米どころでは、地域で活躍する農業者のもとに離農した農業者の水田が急速に集まり始めています。

水田農業を支えるスマート農業技術として最初に注目されたのは、自動運転トラクターでした。田植え機、コンバインといった農機の自動運転技術もその後続々と実用化され、圃場での作業負担を軽減することで、農業者当たりの営農規模の拡大に貢献しています。

一方で、規模拡大の弊害となってきたのが水管理です。収量・品質を向上させるためには、生育状況や気象条件に応じて、水田のこまめな水位調整や排水操作といった水管理が重要です。従来、稲作農家は水田を見回って目視で水張り状況を確認し、手作業で給水栓の開閉や調節を行っていました。水管理の所要時間は1ha当たり60時間にも及び、作業時間の3割を占めると言われています。北海道以外の地域では1区画が小さい水田が多いため、給排水の作業の回数が多くなります。加えて、日本の圃場は分散型であり、稲作農家が規模を拡大する場合、新たに獲得した圃場が遠隔地にあることも少なくありません。規模拡大に伴い、圃場間の移動時間および給排水時間が増大し、水位の把握や調整にかかるコストが膨大なものとなります。水管理がおろそかになれば、品質低下のリスクもあります。

水管理の負担を軽減するスマート農業技術が、水田自動給排水システムです。内閣府のSIPで農研機構が開発した水管理システムは、スマホやパソコンを用いた圃場モニタリングや遠隔操作、給水・排水の自動制御を可能にしました（**図表**)。農業者は日々圃場を見回る必要がなくなり、給排水作業の手間もなくなるため、水管理の労力が大幅に軽減されます。また、システムのサポートにより適切な水管理が実現するため、必要な用水量を削減できます。農研機構の実証圃場では、水管理にかかる時間を約80%、出穂期から収穫までの用水量を約50%削減しました。また、荒天時の水管理における安全確保や、体の不自由な方による遠隔での水管理業務の実現などにも貢献しています。

クボタの圃場水管理システム「WATARAS（ワタラス）」、積水化学工業の「水（み）まわりくん」などが実用化されています。現場の農業者からは「見回りの労力が削減でき作業が楽になった」、「規模拡大につながった」といった声が聞かれ、規模拡大に伴うコストを軽減するものとして高く評価されています。1台当たり10数万円で導入できることから、大規模、中規模の稲作農家から好評で、予定台数がすぐに売切れてしまうヒット商品です。

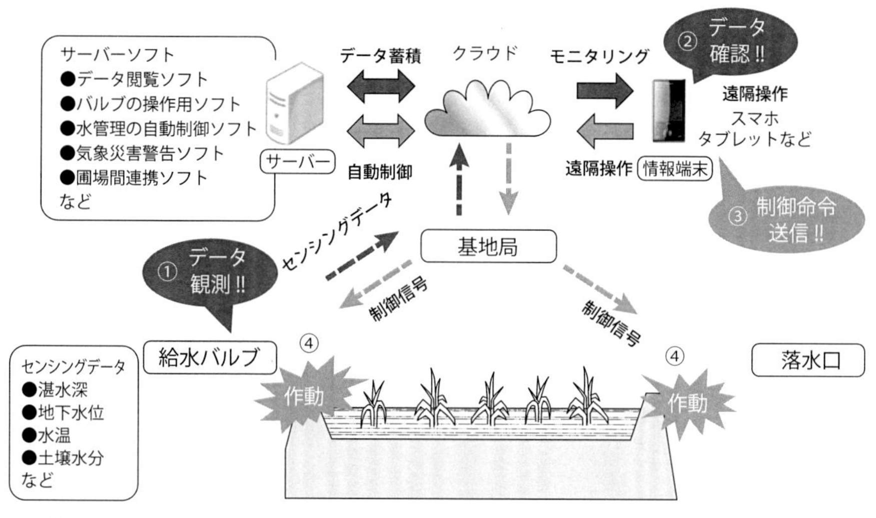

出所：農業・食品産業技術総合研究機構ホームページ

図表：農研機構の水管理システムの概要

- 水管理の所要時間は1ha当たり60時間にも
- 大規模、中規模な稲作農家の水管理の労力を大幅削減可能
- スマート農業を代表するヒット商品が誕生

43 植物工場①
人工光型

続々と立地する巨大工場。競争は激化

蛍光灯やナトリウムランプなどの人工光を用いて閉鎖空間で野菜を栽培する植物工場は、国内では20年以上前に事業化されました。農地の制約を受けず、農地区分ではない一般的な土地で建設が可能なことから企業などの関心を集めましたが、高額な建設費や電気代に悩み、黒字化が難しいと言われてきました。しかし近年は、黒字運営の可能な新しい人工光型植物工場が登場しています（**参考資料**に関連資料記載）。

植物工場の立地が続いている背景には、近年国内で続発している天候不順の発生時にも小売業や外食業、中食業に対して安定供給が可能である点が高く評価されるようになったことがあります。また、技術開発の進展やLEDなど資材の低コスト化によって植物工場産品と一般的な栽培品との価格差が縮まったことも、市場が拡大した要因です。

人工光型植物工場の重要な要素技術は「照度管理」、「温度管理」、「湿度管理」、「養液管理」、「省エネルギー」でしたが、このところはそれだけでなく「建屋の低コスト建設技術」や「空間の効率利用・機械化・自動化による生産性向上」が重要になっています。そうしたことから、近年新たにできた植物工場は超大型とすることで坪当たりの建設費を抑え、栽培密度を高めながら播種から出荷までの工程の多くを自動化するようになっています。他業種の最新のIoT工場に近い水準に達しつつあります。

人工光型植物工場で生産できる品目は様々ですが、事業の主軸となるのはリーフレタスなどの栽培期間が短く、成長に必要な照度が低い葉物野菜です（**図表**）。付加価値の高い品目の生産も技術的には可能ですが、市場規模や市場価格が投資に見合わず、事業として成立させにくいのが現状です。一方で、葉物野菜は差別化が難しく価格競争に陥りがちで、生産性が工場の競争力を左右します。そのため、高い生産性の工場が後発で近隣に立地することで、既存の工場が競争に敗れるようなことも起こります。

新たに設置される人工光型植物工場は競争力をつけるために年々投資規模が大

きくなっており、事業主体としてもリスク分散のためフランチャイズやジョイントベンチャーのようなスキームを用意し、投資家を募ることが多くなっています。スプレッド社のフランチャイズモデル、木田屋商店の運営支援サービスのように、複数の植物工場をネットワーク化するモデルが最近の流行りです。投資サイドとしては導入技術や立地を精査し、事業リスクを慎重に見極めるよう、十分な事前検討が必要です。

植物工場の技術は日本が先行していますが、海外でも注目されるようになりました。日本のメーカーの植物工場がアジア各国で建設され、高品質な野菜の供給が始まっている一方で、米国のベンチャー企業が全自動化農場を開発しており、中国でも急ピッチに実用化が進展するなど、海外との技術開発競争も激しくなってきています。今後は農業・工業、あるいは物流など業種の垣根を越えた技術開発やビジネスモデルが重要です。

写真協力：三菱ガス化学株式会社

図表：人工光型植物工場の内部

Point

- 天候不順が続く中、植物工場産野菜が定番化
- 閉鎖された建物内で人工光を用いて栽培する工場が各地に立地
- 今後は大型化、生産性向上競争が激化。慎重な投資判断を

植物工場②
太陽光型・太陽光併用型

進化を続ける施設園芸技術、世界最高峰のオランダを猛追

建物内で人工照明で栽培する人工光型と異なり、一般に思い浮かべる温室・ビニールハウスのような太陽光を透過する施設に、水や温度といった室内環境を制御する技術を導入したものが太陽光型植物工場、そこに人工照明を補助的に与えて生産能力を向上させたものが太陽光併用型植物工場です。なお、植物工場が出始めた当初の国の定義では、人工照明のない施設（＝現在の太陽光型植物工場）は植物工場に含まれませんでした。

生産に必要な光をすべて電気に頼る人工光型植物工場と比べると、太陽光型植物工場は光熱費を抑えることができる一方、栽培棚を人工光型のように数多く上に重ねることはできないので、収量を高めるためには一定の面積の土地を確保する必要があります。また、光や気温は外部環境に大きく左右されるため、天気や外気温の変化に合わせた緻密な環境制御が必要になることも特徴的です。また、人工光型に比べて密閉度が低く、エアーシャワーなどの設備を備えていないものも多いため、害虫の侵入リスクも相対的に高くなります。

生産面での大きなメリットは、葉物野菜のみならず草丈の高くなる果菜類（トマト、ナス、キュウリ、パプリカ、メロンなど）も生産できるなど、生産可能な品目の幅が広いという点です。果菜類は、葉物野菜よりも人の手が必要となり生産者にも栽培技術が求められる一方、収量や歩留りを高めるソフト面を中心とした生産技術を高めることで、競合農家との差を作ることもできます。実際に技術革新も進んでおり、例えばトマトでは、国内の平均単収が10t程度で伸び悩んでいる中で、なんと50tを達成する技術が生まれており、現在も更なる研究開発が進められています。

将来的な技術として、「いつ」、「どの程度収穫できるか」という予測を、AIなどの先端技術を用いて正確に行うための研究開発が進展しています。外部環境の変化に伴う収量の波が出てしまうところを、品種の能力や成長状況、天候などのデータを蓄積・解析することでカバーしていこうというものです。正確な収量予測は、供給量を取引先に約束できることにつながり、営業面での強みになります。取引先としても調達コストの削減につながり、契約販売や、取引先とより密につながった生産体制の構築など、新たなビジネスモデルに進化していく可能性を秘めています。

国内の温室の総設置面積43,220haのうち、複合環境制御装置を有する温室（いわゆる太陽光型植物工場）は1,070haとされています。農業者の高齢化や離農が進む中、既存の温室の設置面積を旧来のやり方のままで維持していくことは難しくなっていきます。多様な品目でこれまでにない収量を得られ、通常の温室栽培よりも栽培の労力が削減でき、かつサプライチェーン上での創意工夫を行いやすい太陽光型植物工場が、施設栽培の次のメインプレイヤーになる時代が近付いてきています。

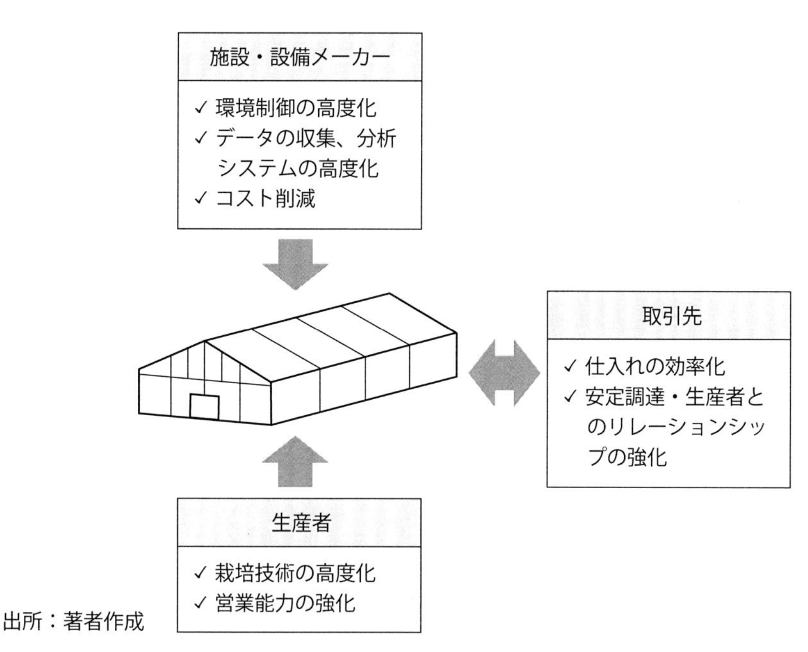

図表：太陽光型植物工場を取り巻く技術・ビジネスの進化イメージ

Point

- 太陽光型植物工場は多様な品目を生産できることが強み
- 安定性、リスク面では人工光よりも劣る側面も
- 生産技術や生産量予測技術に更なる発展の余地あり

Column 6

MY DONKEYのシステム
―農業におけるデータ利活用の基盤として機能する―

MY DONKEY（DONKEY）は、農作業を支援するだけではなく、**図表**のように自動で取得したデータを蓄積することができ、それらのデータを活用するためのシステムを備えています。また、外部システムとの相互接続のインタフェースも備えており、データ利活用のプラットフォーム（データプラットフォーム）として機能します。

DONKEYに様々なセンサーのアタッチメントを搭載することで、作物の生育状況、当該作物を取り巻く栽培環境、当該作物に対する作業履歴などのデータを自動的に記録することができます。例えば、DONKEYが農産物の収穫を支援する際、作物の等級別の重量を自動取得することができます。農業者が収穫物をコンテナに格納した時に、コンテナの下部に搭載された計量装置が作動し、農産物の重量を計量する仕組みです。更に、これらのデータはDONKEYに搭載されているGNSSの位置情報と組み合わされ、圃場を1m×1mメッシュのマス目で区切った区分ごとに時系列で記録されます。DONKEYが取得したデータは、携帯回線やWi-Fiなどの通信網を介してクラウド上のデータプラットフォームに蓄積され、農業者はいつでも手元のスマホやタブレットで確認することができます。

DONKEYのデータプラットフォームは将来的には、DONKEY以外のエッジデバイス（固定式センサ、ドローンなど）とも連携が可能で、幅広いデータの蓄積や多角的な分析が可能とさせる計画です。2018年度に実施したコンセプト実証では、ベジタリアの提供するフィールドサーバーと連携させ、当該センサーから取得したデータをリアルタイムでDONKEYのデータプラットフォームに転送させました。

また、DONKEYのデータプラットフォームは、API連携を通じて外部の優れたアプリとの相互接続を可能とする計画です。上記同様、2018年度のコンセプト実証の際は、ウォーターセルの提供する営農日誌サービス「アグリノート」と連携させ、DONKEYで取得したデータは、適切な圃場単位に調整されてアグリノートに転記させました。スマホでのアプリ操作に習熟していない農業者でも、DONKEYを活用すれば自然とデータが蓄積されます。

また、同実証時、DONKEYのデータプラットフォームを、国が主導するデータ農業連携基盤「WAGRI」とも接続させました。WAGRI経由でメッシュ気象データを取得し、DONKEYのアプリケーションに表示させ、営農計画の策定などに活用しました。農産物の生育予測や市況データを活用することができれば、農業者の収益を最大化するために必要な意思決定を迅速に行える仕組みを、ワンストップで提供することが可能になると考えられます。

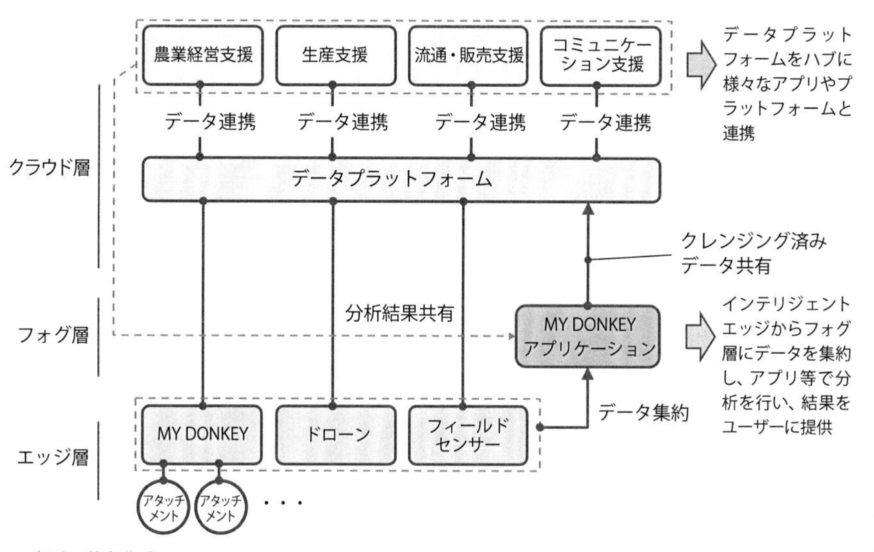

出所：著者作成

図表：MY DONKEYのシステム概要

第7章

スマート農産物流通

45 改革が進む農産物流通

生産者と消費者を直結するダイレクト流通が拡大

消費者のライフスタイルの変化や多様な購入チャネルの出現によって、農産物流通も多様化しつつあります。更には環太平洋パートナーシップ協定（TPP）、日欧経済連携協定（日欧EPA）などの貿易協定に代表される競争環境の大幅な転換を控え、農産物流通の体質強化や経営安定体制の充実が求められています。そのような状況下で農水省は2016年に13項目からなる農業競争力強化プログラムを策定し、国と農業従事者が一体となった強化プランを策定しました（**図表**）。中でも「2.流通・加工の構造改革」においては、「生産者が有利な条件で安定取引を行うことが出来る流通・加工の業界構造の確立」が提言され、直接販売ルートの拡大やICTを活用した合理的かつ消費者ニーズに対応した流通のあり方が求められています。

このような中、生産者が直売所、インターネット販売などの販売チャネルを活用して、消費者に直接販売するダイレクト流通モデルが存在感を増しています。また、オイシックス・ラ・大地のように高品質な農産物を消費者へ個別宅配するビジネスも拡大しています。

また、同時にJA全農に対しても売り方の見直しが求められました。需要家・消費者へ農産物を安定的に直接販売する体制や販売ルートの確保のための出資の推進、安定的な取引先の確保を通じて農家から手数料を取る委託販売から、自ら在庫を持つ買い取り販売への転換に取り組むことが明記されました。それを受けて全農は2024年度に直接販売の割合を全農取り扱い金額1兆円の過半となる5,500億円（2016年見込みで3,100億円）を目指す方針と、それに向けた事業計画を立ち上げました。

農作物流通の合理化についても改革が進んでいます。農産物はその日の収穫量や季節によって運ぶ量の変動が大きく、収入が安定しない上に損傷・劣化しやすいため、トラックドライバーから敬遠されやすい商材です。また、手積み・手下し作業が多く、荷待ち時間は長いといったドライバーの作業・拘束時間の負担の高さも一因としてあります。こうした状況を打破するために、トラックの手待ち時間の短縮に貢献するスマホアプリを活用した予約管理システムを導入して、入庫受付の開始時刻に集中していたトラックを平準化する取り組みも行われています。また、農水省事業や民間の独自の研究開発として、ICTを最大限活用してシステム化された共同配送や、荷積み・荷下し作業低減のためのパレット輸送の取り組みが研究されています。

農業者の高齢化や物流費の高騰など農産物流通の課題は複雑かつ多様化していますが、官民一体となった改革が進められています。

1. 生産資材価格形成の仕組みの見直し
2. **流通・加工の業界構造の確立**
3. 人材力を強化するシステムの整備
4. 戦略的輸出体制の整備
5. 原料原産地表示の導入
6. チェックオフ導入の検討
7. 収入保険制度の導入
8. 土地改良制度の見直し
9. 就業構造改善の仕組み
10. 飼料用米を推進するための取り組み
11. 肉用牛・酪農の生産基盤の強化策
12. 配合飼料価格安定制度の安定運営のための施策
13. 牛乳・乳製品の精算・流通等の改革

生産者が有利な条件で安定取引を行うことができる流通・加工の業界構造の確立

①生産者に有利な流通・加工構造の確立
- ✓ 農業者・団体から実需者・消費者への直接販売するルートの拡大を推進
- ✓ 中間流通は抜本的な合理化を推進
- ✓ 農産物の流通・加工に関し、国の責務、業界再編に向けた推進手法等を明記した法の整備

②全展の農産物の売り方
- ✓ 農産物の販売体制強化
  - ●実需者・消費者への直接販売を基本化
  - ●流通関連企業への出資等の戦略的な推進
  - ●委託販売から買い取り販売への転換
- ✓ 輸出体制の確立

出所：農林水産省「農業競争力強化プログラム」より著者作成

図表：農業競争力強化プログラムの13項目

- 政府主導の農産物流通の改革が進展
- ICTの活用による物流効率化も徐々に進展
- インターネットの普及によりダイレクト流通が拡大

46 卸売市場の役割と今後の方向性

法改正で卸売市場の役割が大きく変わる

農産物流通の多様化が進み、市場外流通が存在感を増す中、様々な規制が足枷となり、卸売市場では市場経由率の低下に歯止めがかからない状況（青果物では、1990年に約8割だったものが、2015年には6割弱まで低下）にあります。それでも卸売市場が担っている集荷・分荷、価格形成、代金決済などの調整機能は今後も重要な役割と規定されています。絶えず変わり続ける消費者ニーズに応えつつ、農業従事者の所得を向上させるため、より自由度の高い市場のあり方が求められていました。

農林水産省が実施してきた農業競争力強化プログラムにおいては、卸売市場に関して合理的理由のなくなっている規制を廃止するために、卸売市場法の抜本的な改正を盛り込みました。改正卸売市場法は2020年6月に施行され、かつては市場流通における価格形成の信頼性を担保するために行われてきた、第三者販売（卸売から仲卸や買参権を持つ事業者以外への販売）や直荷引き（仲卸が生産者とつながること）の禁止や、商品の所有権と商品自体が一致しなければいけない商物一致の原則といった従来の流通ルールが、市場ごとの取り決めにより解禁されます。旧法においても例外規定としてすでに取り組まれていたケースも一部存在していましたが、改正法により市場流通はより自由かつ合理的なものに変革していきます。

また、同時改正された食品等流通合理化推進法（以下、食流法）では、消費者や農林漁業における利益の増進に寄与することが更に重視されています。食流法が定める事業方針には「流通の効率化」や「衛生管理の高度化」など従来の機能のほか、「情報通信技術その他の技術の利用」のようにデジタルテクノロジーの活用が推奨されています（**図表**）。AI、ビッグデータを通じた精度の高い需要予測やIoTを活用した効果的な集荷システム、ブロックチェーン技術を活用した食品トレーサビリティの確保、ロボットなどの活用による荷積み／荷降ろしなどの負担軽減など、基本方針には具体的なデジタルテクノロジーの活用手段も明記され、今後はこれらの技術を織り込んだ合理的な市場流通が求められています。

農業者から需要家・消費者への直接販売がより身近なものになっていく中で、市場経由率を回復させていくことは容易ではありませんが、落ち込んでいるとは言え、いまだに市場流通の半分以上が経由する卸売市場流通は、大量の農産物をさばける優れたプラットフォームであることに違いはありません。一層の合理化や機能強化によって農業者・消費者の双方にとってメリットの高い中間流通となることが望まれます。

流通の効率化	●パレット輸送に代表される輸送ロットの転換 ●出荷量の変動に対応する配車・集荷管理 ●既存施設のストックポイント化による共同配送の推進 ●モーダルシフトの推進 ●複数の小売店を巡回する共同配送の推進 ●その他、インターネット販売など個別輸送が増加する中で、個別配送を抑制する輸送体制の構築
 品質管理および衛生管理の高度化	●輸送パレット／容器に電子タグを添付し、冷蔵設備における温度管理や物流施設における出荷管理の実施 ●低温卸売市場や冷蔵保管施設などの整備によるコールドチェーンの確保
情報通信技術、その他技術の利用	●AI・ビッグデータ等を通じた需要予測による供給時期／供給先／供給量などのマッチングの実施 ●IoT 等を活用した効率的な集荷システムやトラック予約受付システムの構築 ●ロボット等の活用による荷積み／荷降ろし等の負担軽減 ●ブロックチェーン技術の活用によるトレーサビリティの確保 ●画像解析技術等の活用によるインターネット販売／宅配事業の効率化
国内外需要への対応	●需要者との契約取引による長期的かつ安定的な供給の実施 ●小分け需要への対応のための、カット野菜／少量化など即消費される形での供給 ●国外のニーズにあった品揃えとまとまった量の輸出のための保冷施設などを具備した物流施設の整備
その他	●災害など緊急事態に備えた事業継続計画（BCP）の策定、食品供給に関する地方公共団体との連携協定の締結 ●キャッシュレス決済の積極的な取り込みおよび共通のプラットフォームとして情報ネットワークを構築し早期かつ安価に刷新 ●持続的な開発目標（SDGs）に則った輸送／販売など各段階におけるコンテナ流通やプラスチック利用の削減

出所：農林水産省「食品等の流通の合理化に関する基本方針」より著者作成

図表：卸売市場流通合理化事業の方向性

- 卸売市場法の改正により市場流通は大変革期に
- 市場の自由度は高まり、農業者・消費者の双方にメリットのある新たなモデルの構築が求められている
- 卸売市場のデジタルトランスフォーメーションが急務

47 存在感を増すインターネット販売

インターネットの普及で農家主導の販売が可能に

農業者・消費者のメリットを最大化するための直接販売ルート（ダイレクト流通）の拡大が推進されています。直接販売ルートは、従来型の直販所や道の駅などのリアルチャネルに加えて、最近はインターネットを活用した個人間取引が存在感を高めています。

インターネット販売を活用するメリットは大きく3点あります。1つ目が少量少品種でも販売できるため中小農家でも活用可能、2つ目が最もいい状態での出荷が可能、そして3つ目が高利益率での販売が可能な点です。

流通大手などの事業者は単一で、統一規格の農産物を大量に買い付けるため、必要な数量を確保する必要があります。しかし、中小規模の農業者では大量注文への対応は困難なケースが多く、少量からでも販売の可能な個人間取引が新たな流通ルートとして最適な存在となり得ます。

また、流通を通る商品は、中間流通を経路する時間を要するため、実需者・消費者へ届くまでに一定の日数がかかります。そのため、農業者はそうした日数を逆算して収穫を行う必要があります。農作物が最も熟す前に収穫せざるを得ない状況で、せっかく丹精込めて育ててきた農作物でも、ベストの時期に出荷することができなかったのです。産地の直売所で購入した果物や野菜がおいしい背景には、このような流通上の制約があったのです。その一方で、インターネット販売は早ければ注文を受けた翌日には届けられるため、最もいい状態・価格で出荷できる利点があります。これは農業者だけでなく消費者にとってもメリットがあります。まさに、"バーチャルな直売所"なわけです。

更に、中間コストをカットすることで高利益率が実現します。農水省の食品流通段階別価格形成調査によると通常、卸売市場を経由する場合の中間流通経費は52.5%とされていますが、インターネット販売における中間手数料は10〜20%と言われ、農業者にとっては取り分を増やすことができ、非常に魅力的な流通形態と言えます（**図表**）。

一方で、インターネットによる農産物の販売は差別化が難しく、多くの出品者の中で埋もれてしまい、販売に至らないリスクも存在します。「インターネット販売＝儲かる」という単純な図式ではなく、ビジネスセンスが求められます。直接消費者に販売するには、どのような状態や容量・サイズのものが受け入れられるかを把握して商品を選定するマーケティングや、実需者・消費者とのコミュニケーションを通じた品質・サービスの向上など継続的な改善活動が求められます。

誰でも気軽に使えるインターネット販売だからこそ、実需者・消費者の要望を踏まえた商品選定やコミュニケーションを図ることで商品を差別化し、ファンを増やしていくことが、成功への道筋となります。なお、農業者が自らインターネット販売をプロデュースすることが難しい場合は、インターネット販売をサポートするコンサルティング企業の活用も選択肢となります。

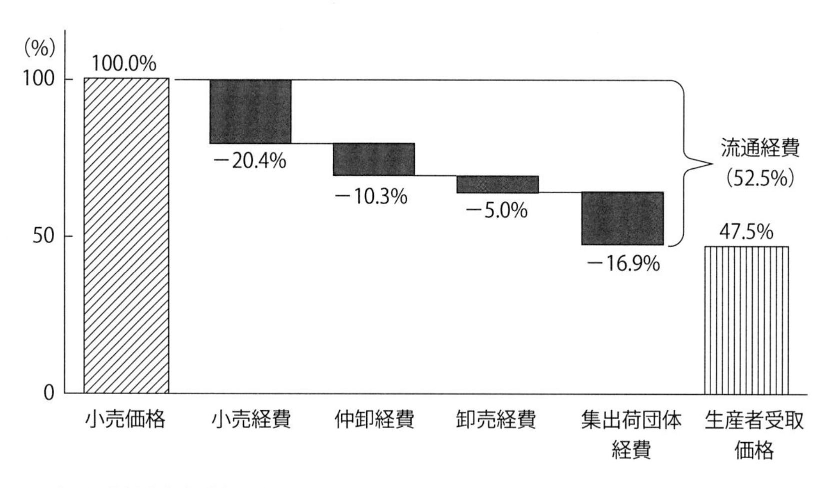

出所：農林水産省「食品流通段階別価格形成調査」より著者作成

図表：小売価格に占める各流通経費の割合（2017年青果物）

- インターネット販売は中小規模の農業者にも対応
- 鮮度が低下しにくく、流通の中間マージンも低い
- ウェブサイトやSNSでビジュアル、リアルタイムに価値訴求が可能

48 需給マッチングを最適化するスマートフードチェーン

スマート農業は生産から流通・消費にまで拡張

農水省では、スマート農業の次の一手として、農産物のサプライチェーン全体のスマート化を進めています。これまでのスマート農業技術は、主に農産物の生産段階に焦点を当てたものでしたが、それによって生産された農産物の鮮度を落とさず、迅速に実需者・消費者のもとに届けることも重要です。また、SDGsの観点からフードロスの削減が求められており、農産物の生産と消費をマッチングしてムダが発生しないようにしようという取り組みが進んでいます。

政府はこのような生産・流通・消費というサプライチェーン全体のスマート化を「スマートフードチェーン」と名付け、制度設計や研究開発を積極的に推し進めています。スマートフードチェーンでは、生産から流通、加工、消費までにおいてデータの相互利用が可能となります。

スマートフードチェーンの一例を見てみましょう。まず、生産段階では生産管理システムなどを活用して、高精度な生産・出荷のシミュレーションを行います。あわせて、需要家側では過去の受発注情報、在庫情報などに基づく需要シミュレーションを行います。特に、コンビニエンスストアのような高度な需要予測では、気象予報や近隣の地域行事（学校の運動会、地域のお祭りなど）も加味して、より精度を向上させています。

このような供給サイドと需要サイドの高度な予測データを基に、AIなどを用いて需給マッチングを行うことで、廃棄ロスのない計画生産・出荷が可能となります。更に、農水省などのいくつかの研究開発プロジェクトでは、需給をマッチングするだけでなく、供給もコントロールしようという動きが出ています。例として、植物工場や施設園芸などでの栽培において需要予測に合わせて生育速度をコントロールする取り組みがなされています。

また、各生産者の生産量・収穫タイミングをあらかじめ把握することができれば、物流企業の高度なシステムを用いて、輸送手段・ルートを最適化することもできます。これにより、農産物の輸送費の低減や輸送に伴う環境負荷にもつながります。

内閣府のSIP第2期では、スマートフードチェーンを実現するため、①WAGRIを拡張したスマートフードチェーンプラットフォームの構築②情報を双方向でつなぐ情報共有システムの開発③高精度な品質予測と品質保持技術を軸とした新たなロジスティクスの開発④高精度な生育・出荷調整が可能な生産管理技術の開発―といった取り組みが進んでいます。最終年の2022年度に向けて随時成果が実用化されていき、2023年度からは運用母体を明確化した上で本格的に運用が開始される予定です。

また、民間企業でもIoT・AIを駆使したサプライチェーンのスマート化の取り組みが進んでおり、日本総合研究所、三井化学などが設立したSFC（スマートフードコンサンプション）構想研究会では、IoT・AIを駆使した冷蔵庫内の個々の食材のストックや鮮度データの見える化をベースに、食材の生産から消費に至るフードチェーン全体のプラットフォームの立ち上げによる「食品消費の最適化」を推進しています。

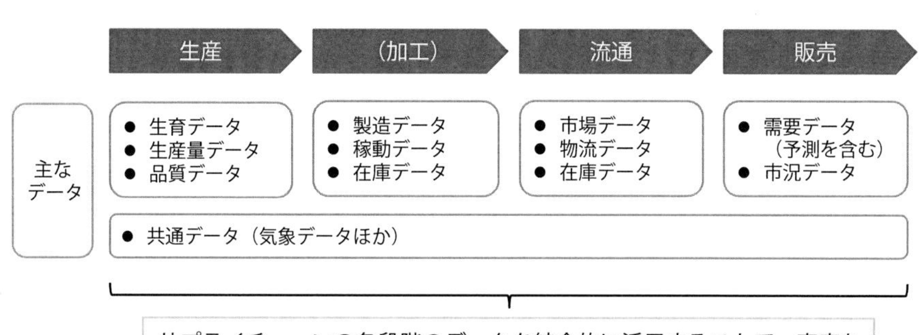

出所：著者作成

図表：スマートフードチェーンの全体像

Point

- 生産・流通・消費の全体をスマート化するスマートフードチェーン
- 生産予測と需要予測をAIでマッチングすることで需給ギャップを最小化、フードロスを大幅削減
- WAGRIのサプライチェーン全体への拡張が進展

品質・鮮度の保持技術

優れた農産物の安定供給が実現

農産物の品質や鮮度を維持する技術の開発・普及が進んでいます。日本の優れた農産物のおいしさをそのまま食卓に届けたり、特定の農産物を周年で安定して供給できるようにしたり、これらの技術活用は近年の農産物の流通に欠かせなくなっています。特に2019年頃より、SDGsの観点からフードロス削減に取り組む団体・企業が増加しており、品質・鮮度保持技術への関心がいっそう高まっています。

農産物の品質劣化の原因は、物理的損傷、植物ホルモンによる劣化進行、呼吸・代謝に伴う有効成分の減少、雑菌増殖による腐敗、乾燥・過湿など様々です。農産物の品質・鮮度の保持技術は、農産物の収穫後の保管、輸送、店頭での陳列などの流通時の各工程において、これらの原因から農産物を守ることが基本的な機序になります。農産物の品質・鮮度の保持技術のうち、代表的なものを**図表**に示します。

これまで農産物の品質・鮮度の保持の取り組みは、主に予冷（農産物を事前に冷やすこと）から始まるコールドチェーンの整備でしたが、輸送時の農産物の廃棄ロスの更なる低減や、鮮度・おいしさを重視する消費者層に向けた高付加価値商品訴求の観点から、鮮度保持包装の適応が近年拡大しています。例えば、「食品産業もったいない大賞」（主催：食品等流通合理化促進機構、協賛：農水省）において、第3回の農林水産大臣賞を受賞した三井化学東セロの鮮度保持フィルム「スパッシュ」は、包装袋内の清浄化効果によりしおれや変色などの鮮度低下を抑制することができ、農産物の流通工程に加え、一般家庭向けにも普及が進みつつあります。

これまで紹介した技術に加え、近年QRコード・電子タグ、各種センサーなどの技術進歩やコスト低減が著しく、IoTの波が食品包装にも及んでいます。これらの食品包装は、「スマートパッケージ」や「インテリジェントパッケージ」などと呼ばれており、今後の食品流通を大きく変化させる可能性を秘めています。例えば、QRコード・電子タグが食品流通において普及すれば、食品流通における検品・在庫管理の負担が大幅に削減され、コンビニエンスストアやスーパーマーケットにおけるレジ作業の効率化にも貢献します。

更には、現状は賞味期限・消費期限が明確ではない農産物の保管・輸送中の温度、湿度、ガス組成、香り成分・臭気、振動の有無などをセンサーでモニタリングし、農産物の鮮度状態を可視化する取り組みも進められています。農産物の鮮度状態に応じて、輸送時に仕向け先を変更したり、販売時に動的に価格を変更（ダイナミックプライシング）したりすることで、消費まで至る農産物の歩留まりが向上し、廃棄ロスの削減につながるものとして期待されています。

品質劣化の原因	主な品質・鮮度の保持技術
物理的損傷	●緩衝梱包資材（発泡シート、キャップ材など） ●防振パレット
植物ホルモンなどによる劣化進行	●リーファー・CAコンテナ（エチレン除去機能付き） ●エチレン阻害剤 ●吸着剤（エチレン吸着など）
呼吸・代謝に伴う有効成分減少	●CA倉庫（主にリンゴで使用） ●予冷装置 ●冷蔵トラック ●リーファー・CAコンテナ ●吸着剤（炭酸ガス吸収剤など） ●鮮度保持包装（MAフィルム、バリア性フィルム）
雑菌増殖による腐敗	●洗浄器（主に柑橘類） ●冷蔵トラック ●リーファー・CAコンテナ ●鮮度保持包装（抗菌フィルム、結露防止フィルム）
乾燥・過湿	●加湿器（主に葉物野菜） ●鮮度保持包装（結露防止フィルム） ●給水ホルダー（花卉、一部果物に利用）

出所：著者作成

図表：代表的な品質・鮮度の保持技術

- 農産物の安定供給・周年供給には、品質・鮮度の保持技術が不可欠
- 近年、食品包装にもIoTの波が及び、食品流通を変容する可能性
- 品質・鮮度の見える化で、流通時の仕向け先や販売時の価格の動的変更が可能に

50 農業者と地域が協力するラストワンマイル物流

農産物出荷の帰り道を有効活用

農村地域での買い物は、従来は場所、品目ともに限定されていました。近くに買い物をする場所がなかったり、場所自体はあったとしても欲しいものがなかったりと、買い物環境に関しては都市に遅れをとっていました。「買い物難民」という言葉も生まれ、「農村＝不便」というイメージを与える要因となっていました。

しかし近年、インターネット販売の発達により、農村の買い物環境は改善しています。国内インターネット販売首位のAmazonは、「代金引換宅配便」や「お急ぎ便」の利用時には配達不能地域があるものの、通常の配送では国内のあらゆる地域に配達可能です。高齢者の中にはパソコンやスマホを使えない方が少なくないという課題はあるものの、農村に住んでいたとしても、必要なもの、欲しいものを手に入れられる環境がかなり整ってきました。

その半面、インターネット販売を支えてきたトラック業界で、ドライバー不足が顕在化しています。トラックドライバーの有効求人倍率は急激に上昇しており、事態の深刻さが伺えます（**図表**）。ドライバーの確保が困難になる中で、将来的には農村地域への配送が困難になることが懸念されます。農村地域での個人宅への配送が制限されれば、農村住民の買い物環境が再び不便なものになってしまいます。

一方、農村の生活に目を向けると、農村では農業者が運転する軽トラックや軽貨物車を頻繁に見かけます。農業者は毎日複数回、農協の集出荷場や道の駅、直売所などに農産物を運搬しているのです。こうした農産物輸送の復路については、トラックはほとんど空気を運んでいる状態です。ここで、インターネット販売の商品を道の駅や直売所といった地域の拠点に留め置き、農産物を運搬した農業者が近隣住民の荷物をかわりにまとめて載せて持ち帰るという仕組みが検討されています。これまで運送業者が担ってきた個人宅への配送を農業者が代行することで、農村における輸送効率が大幅に改善され、配送頻度の増加につながるとともに、将来的な農村地域特有の割増料金の回避、また農業者の副次的な収入の獲得にもなります。デジタル技術をかけ合わせれば、アプリを通じて近隣の農業者に配送を依頼する、依頼者がGPS機能により荷物の場所を把握するといった仕組みづくりも考えられます。

現在の法制度では、有償にて他人の荷物を輸送する場合、貨物自動車運送事業法に基づき国土交通大臣の許可が必要です。つまり、一般の農業者が農産物出荷の空き時間に地域内の宅配（ラストワンマイル物流）を担い、近隣住民から対価を得ることはできません。農業生産に関しては農水省、農村の交通に関しては国土交通省といった、省庁間の役割分担がありますが、今後は省庁間を跨いだシームレスな規制緩和の検討が打ち出されており、このような次世代の農村内物流についても早期の実現が期待されます。

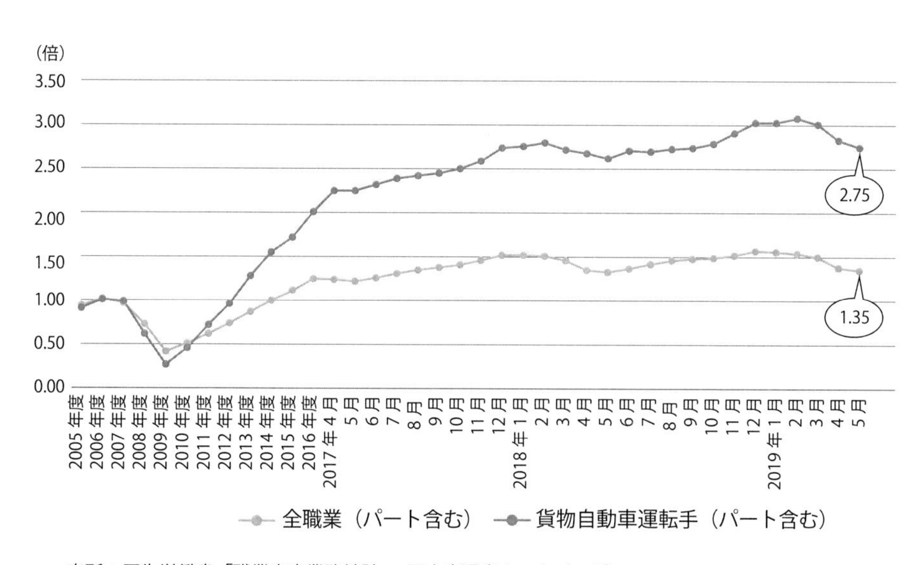

出所：厚生労働省「職業安定業務統計」、国土交通省ホームページ

図表：有効求人倍率の推移

- 農産物出荷の帰路で地域内の宅配便を低額で配送する新たなモデル（＝ラストワンマイル物流）が検討中
- 現時点では法規制のため実現不可。将来的な規制緩和に期待

Column 7

MY DONKEYが提供するデータ農業サービス

MY DONKEY（DONKEY）は作業支援を通じてデータを取得し、クラウド（データプラットフォーム）に自動的に記録することができます。また、このデータプラットフォームは、DONKEYのみならず、将来的に種々の固定式センサーやドローンなどのエッジデバイスおよび外部システムとの連携が可能になる計画です。様々なデータを多角的に分析し、農業経営に資するサービス創出のプラットフォームになります。ここでは、DONKEYが提供するデータ農業サービスを紹介します。

①農作業の見える化サービス

農業者は一般的に施肥や防除などの作業の実施内容を作業日誌に記録します。これらの記録は、作物の生育具合やこれまでの作業状況を詳らかにし、次の作業の実施時期・内容などの改善に活用されます。DONKEYを活用する場合、農業者は独自のアプリを通じて、いつでもどこでも、手元のスマホやタブレットで、1 m×1 mメッシュの細かい圃場区分で作物の生育具合や作業履歴を確認することができます（**図表**）。肥料・農薬の散布のばらつきを把握し、それらの是正に役立てることができます。

加えて、今後農薬・液体肥料の自動散布などの作業がDONKEYの自動運転に置換されていくため、人手では対応できないきめ細かな粒度で適量の施肥・農薬散布を実現し、更なる収量増大、品質の上位収斂（しゅうれん）、資材コストの低減が期待できます。

②生育シミュレーション

DONKEYの取得したデータを活用すれば、将来的には農産物の生育予測を高度化することができます。DONKEYは1 m×1 mメッシュの平面ごとに時系列で蓄積されたインプットデータ（生育状況、栽培環境、作業履歴）から、アウトプットデータ（収穫物の収量や品質）を動学的に導出します。この生育シミュレーションに基づけば、目的の収量や品質に必要な作業内容を明確にすることができ、若手農業者には頼もしいガイドラインに、ベテラン農業者には新たなノウハウを発掘するツールとして役立てることができます。

③流通の高度化サービス

①②のサービスを農村などの地域コミュニティで活用すれば、地域のベテラン農家の作業履歴データを若手農家と比較することで、地域全体の栽培スキルの底上げにも活用できます。農産物の品質が産地全体で高まれば、独自ブランドの形成・強化にも役立てることができます。

また、地域単位で農産物の収穫日・収穫量・品質などの予測性が高まるとともに、作業履歴などのトレーサビリティも確保できるため、将来的にはデータに基づく産地の販路開拓を支援するサービスを展開する計画です。このサービスにより、DONKEYを活用する産地の集出荷施設の稼働平準化、ロジスティクスの最適化、取引の信頼性の向上など、様々な恩恵が期待できます。

（注）実証段階のものであり、今後変更される可能性があります。
出所：日本総合研究所

図表：農作業の見える化サービスの画面

第8章

スマート農業を後押しする政策・支援策

51 スマート農業の普及を進める政策

スマート農業は研究開発フェーズから普及フェーズへ

スマート農業を推進する政策の1つ目が、農水省などによるスマート農業技術の導入支援のための補助金です。まずベースとして従来の農機や設備の導入補助金を使ってスマート農業技術を導入するケースがあります。加えて、スマート農業に特化した新たな補助制度も設けられています。例えば、労働力不足や働き方改革が喫緊の課題となっている酪農分野においては、畜産クラスター事業、楽酪事業、楽酪GO事業といった補助金があり、搾乳ロボット、給餌ロボット、自動餌搬送機といったスマート農業技術の導入に活用できます。一部の都道府県ではスマート農業の中でも、高度な施設園芸（植物工場など）に特化した支援メニューを設けているところもあります。また、スマート農業は実証段階から本格普及段階の過渡期のため、本章で後述する農水省のスマート農業実証プロジェクトや、経済産業省のIoT関連の実証事業、総務省の5G関係の実証事業などの活用も選択肢になります。

スマート農業のもう1つの重点政策が、現場視点の規制緩和です。スマート農業の円滑な普及のため、様々な規制緩和とガイドライン作成が進められています。

スマート農業の花形的存在である自動運転農機や農業ロボットの一部については、2017年に「農業機械の自動走行に関する安全性確保ガイドライン」が定められています。本ガイドラインでは、製造者、導入主体、使用者のそれぞれが順守すべき事項が設定されており、自動運転トラクターや、除草ロボットなどの一部の農業ロボットが対象になっています。他方で、産官学の研究開発が盛んなスマート農業は技術革新のスピードが従来の農業技術よりも速いため、各種規制に関しては迅速な見直しが欠かせません。自動運転農機に関して、現ガイドラインでは対象となる自動化はレベル2にとどまりますが、AIによる衝突防止技術の実用化が進む中、今後は規制緩和によりレベル3にも随時対象を広げていくことになるでしょう（**図表**）。

ドローンによる農薬散布に関しても規制緩和が進んでいます。ドローンによる農薬の空中散布には、①航空法に基づく規制②農薬取締法に基づく規制③電波法に基づく規制―の3つが関係しています。規制改革会議を中心とした活発な議論を踏まえ、農水省は農業用ドローンのガイドライン「空中散布等における無人航空機利用技術指導指針」を改正し、自動操縦システムによる農薬散布が解禁されました。

農業データの利活用に関しては、農業者のデータの適切な保護を定めることで、データ活用を推進しようとしています。農水省は、2018年末に農業データの利活用に関する「農業分野におけるデータ契約ガイドライン」を策定しました。このガイドラインでは、農業者のデータやノウハウの流出を防ぎつつ、データ利活用を促進するため、農業データの特性を鑑みたモデル契約書が整備されています。本ガイドラインでは、「データ提供型契約」「データ創出型契約」「データ共用型契約」の3パターンのモデル契約書が公開されています。

農業者にとって農業データはノウハウの塊であり、慎重な取り扱いが求められます。農業者の懸念点を踏まえたモデル契約書が整備されたことで、農業者の不安感や心理的なハードルは下がっていくと考えられます。農業特有の事情を鑑みた迅速なガイドライン整備により、複数の農業者によるデータ連携や、自治体や地域の農協といったコミュニティにおける統合的なデータ活用が進展すると期待されています。

- レベル0：手動操作
- レベル1：使用者が搭乗した状態での自動化（直進支援田植え機、自動操舵システム等）
- レベル2：圃場内や圃場周辺からの監視下での無人状態での自動走行
- レベル3：遠隔監視下での無人状態での自動走行

出所：農林水産省

図表：ロボット農機の自動運転のレベル設定

- スマート農業技術の導入に関する様々な補助制度あり
- 自動運転農機、農業用ドローン、農業ロボットに関する規制緩和が急ピッチで進展
- 農業者のデータを保護するガイドラインが策定

52 スマート農業を対象とした支援制度

開発、実証、導入の３段階での手厚いサポート

スマート農業の推進に向けて、国や自治体が実施している事業の内容は、主に①技術開発系②実証系③導入補助系の3つに分類されます（**図表**）。①技術開発系の事業は、主にメーカーや大学・研究機関を対象とするもので、ハード・ソフトの両面から新規性の高い国産技術の開発を支援しています。②実証系は、開発が進んでいる技術について、現場での運用を通じて機能や効果の検証を行うものです。農水省の事業では、技術開発の主体と農業者がコンソーシアムを形成して、現場での課題などを技術開発に反映できるようにしているものが多くなっています。そして、③導入補助系は、完成した技術・製品を農業者が導入する際に必要な費用や、税制面のサポートを行うものです。スマート農機の普及の初期段階では、量産化段階よりも価格が高止まりしてしまうため、ある程度普及が進むまではこうしたサポートが重要です。

2019年度より農水省では、次項で後述する「スマート農業実証プロジェクト」(「スマート農業加速化実証プロジェクト」および「スマート農業技術の開発・実証プロジェクト」の総称）を開始しました。これを機に、日本のスマート農業技術は実証・実装の段階へと大きく舵が切られました。現在は、AIを活用したデータ解析などの高度な技術開発や、スマート農機の活用に向けて必要な法整備なども進んでおり、スマート農業が日本の農業のスタンダードとなる日が近付いています。

農水省に加えて、経済産業省や総務省でもIoT全般を対象とした支援が多く実施されており、中にはスマート農業の文脈で活用可能なものもあります。例えば、経産省では、様々な分野で取得されているデータをつなげて有効活用する“Connected Industries”を実現するために、事業者間のデータ共有プラットフォームの構築や、国際競争力のあるAIシステムの開発を支援する「Connected Industries推進のための協調領域データ共有・AIシステム開発促進事業」を実施しています。また、総務省では、ローカル5G*などの実現に向けて、地域のニーズを踏まえた開発実証を推進する「地域課題解決型ローカル5G等の実現に向け

た開発実証」を2020年度に新たに開始します。

国や自治体が実施する事業を利用するにあたっては、事業の目的・目標、対象となる主体、支援の上限額や補助率などが、自らが取り組みたい内容に即しているかを判断する必要があります。特に技術開発系の事業であれば、知財の取り扱いなどにも注意が必要です。応募に際して、コンソーシアムの組成や地域の基本計画の策定などが条件になっていることもあります。

せっかくいい事業が見つかっても公募が開始されてから取り組むと間に合わないケースもあるため、各省や自治体のホームページなどで早くから情報収集を行い、準備を進めることが重要です。予算の概要が掲載されている場合も多いので、担当部署に問い合わせて詳細を聞くことをお勧めします。農水省や総務省などの中央省庁の場合、各地域の出先機関に相談窓口が設けられています。

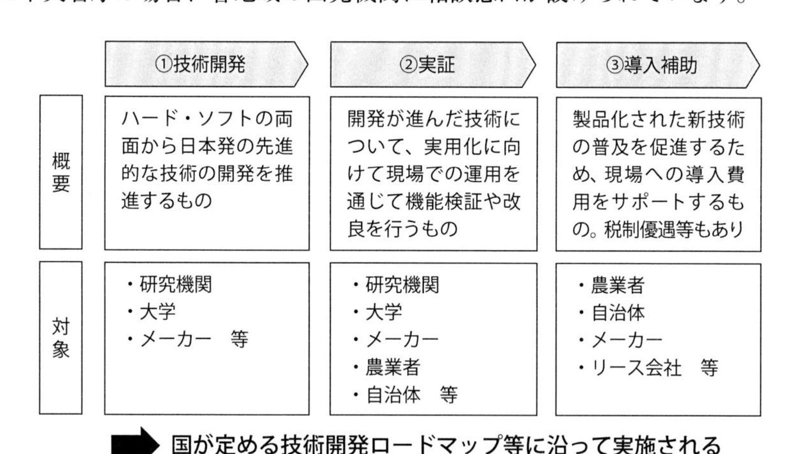

出所：日本総合研究所

図表：事業内容の分類

＊ローカル5G：地域ニーズや個別ニーズに応じて様々な主体が利用可能な第5世代移動通信システム。携帯電話事業者による全国向け5Gサービスとは別に、地域の企業や自治体などの様々な主体が自らの建物や敷地内でスポット的に柔軟にネットワークを構築し、利用可能とする新しい仕組みであり、地域の課題解決をはじめ、多様なニーズに用いられることが期待される。（総務省資料より）

- スマート農業に対する公的支援は技術開発系、実証系、導入補助系の3種類
- 農水省だけでなく、総務省、経産省、内閣府などの支援メニューも
- まずは省庁の出先機関や都道府県の窓口に相談

53 スマート農業実証プロジェクト

コメ、野菜、果樹、畜産などの各分野で成功事例を創出

スマート農業技術の開発はこの数年で一気に加速し、様々なスマート農機やアプリが実証や発売の段階を迎えています。有用な技術は早期の実装が期待されますが、実証中や発売直後の製品の場合、性能や使い勝手などに関するユーザーの評価が充実していないため、ソフトウェアやメンテナンス体制が未成熟な場合もあります。農業者は、投資に見合う有用な技術・製品なのかどうかの判断がつかず、導入を躊躇していることも少なくありません。スマート農業に対する期待は高いものの、一方では「スマート農業技術は本当に使えるのか」と悩んでいるのです。

こうした状況を打開し、スマート農業技術の実装を推進するため、農水省では2019年度より「スマート農業実証プロジェクト」を開始しました。事業初年度となる2019年度は、水稲・露地野菜・施設園芸・果樹・茶・畜産の分野において、全国で69のコンソーシアムが採択されました（**図表**）。2020年度には、中山間地域や、水稲以外の作物を中心に第2弾のプロジェクトが始まります。

この事業では、作物の生産から出荷までの一連の作業について、スマート農業技術を活用した一貫体系の確立を目指しています。栽培管理アプリケーション、自動運転トラクター、ドローン、ロボットなどのデバイス、AIやビッグデータを用いた生育予測など、これまで個別に開発されてきた技術を作物ごとにパッケージ化（一貫体系化）することで、農業者がスマート農業を取り入れやすくすることを目的としています。農林水産省では、本事業を通じて確立されたスマート農業一貫体系を、今後成功モデルとして全国各地に普及していくことを検討しており、後述する「農業新技術の現場実装推進プログラム」にてロードマップを整理しています。

事業に採択されたコンソーシアムは、視察会の実施や展示会への出展などを通じてスマート農業技術に関する情報発信を行う役割も担っています。農機やアプリの機能や使い方に関する情報だけでなく、実際にスマート農業を行う農業者から出される使用時の感想、運用時の工夫・課題、今後の改善点などは、スマート

農業に関心のある多くの農業者にとって貴重な情報源となっています。

また、事業では、水稲や露地野菜などの区分別に、複数のコンソーシアムが集まって状況報告や意見交換を行う機会も設けられています。ドローンや草刈機など、同じ製品を採用しているコンソーシアムから共通の課題が挙げられることもあり、中にはメーカー側の対応が求められるものもあります。各メーカーが、実証を通じて集約された課題や意見などを今後の開発に活かすことで、スマート農業の更なる技術革新につながります。

https://www.affrc.maff.go.jp/docs/smart_agri_pro/attach/pdf/19Pamphlet9_MAP.pdf　※令和元年度～2年度で実証
出所：農林水産省

図表：スマート農業実証プロジェクト実証地区MAP（2019年度分）

Point

- 農水省のスマート農業実証プロジェクトが全国約100カ所で展開中
- 個別の技術導入ではなく、技術パッケージとしての成功事例創出が目的
- 積極的な情報発信を行うので、現場感のある情報収集が可能

54 スマート農業に関する技術指導

多岐にわたる技術の習得は専門性を高める１つの手段

スマート農業技術の中には、危険が伴うものもあります。例えば、ドローンでは落下や衝突の事故が発生しており、安全に作業を行うために、一定の操作技術と経験が必要です。また、飛行区域や使用可能な農薬の種類など、法律や制度に関する知識も欠かせません。

農林水産省では2019年7月に、従来の「空中散布等における無人航空機利用技術指導指針」を廃止し、新たに「無人マルチローターによる農薬の空中散布に係る安全ガイドライン」を公開しました。空中散布を実施する際の注意事項、事故発生時の対応、関係機関の役割などについて記載されており、必要な手続きや飛行高度などの基準を確認することができます。国交省でも「無人航空機（ドローン、ラジコン機等）の安全な飛行のためのガイドライン」が定められています。ドローンでの農薬散布は、事前に地方航空局長の承認を受ける必要がある「危険物輸送」、「物件投下」の飛行形態に該当するため、注意が必要です（**図表1**）。

農業用ドローンについては、基本的な操作技術についての講習が開催されています。国土交通省が指定する団体の講習を修了した者は、地方航空局長への申請手続きの一部を省略することができるというメリットもあります。農業者にとって一般的な講習として、農林水産航空協会が実施する「産業用マルチローターオペレーター技能認定」があります（**図表2**）。これは、協会が定める研修施設において、ドローンの飛行に関する法律（航空法・農薬取締法など）や操作方法などに関する実技・座学の教習を受講し、修了した者に与えられる認定です。認定証には技能区分（前進／対面／高所）、操縦方式（遠隔／自動）、技能確認機種が記載されます。農林水産航空協会のホームページでは、ドローンの機種ごとに指定教習施設がまとめられているので、自身が使用したい機種と教習施設の場所から、最適な施設を選びましょう。

また自動運転トラクター、コンバインなどの農機については、大手メーカーによる技術指導会が開かれているため、そこで体系的に学ぶことが得策です。一方でベンチャー企業が提供するドローン、ロボット、アプリケーションなどに関する技術サポートは、企業によって大きな差があります。商品を選ぶ際には、スペックや価格だけでなく、サポート体制も必ずチェックしましょう。

スマート農業の技術は多岐にわたり、上述のドローンのように高い専門性が求められるものもあるため、知識や技能を身に着ける機会や場所が必要になります。現在、農業高校や農業大学校のカリキュラムへの組み込みが進められており、これからの若い新規就農者はスマート農業を当たり前のように使いこなすことができるようになります。

一方、人によって得意な作業や必要な役割も異なり、ITが苦手なベテラン農業者がパソコンやスマホの操作を一から学んでいくのは大変でしょう。すべての農業者がこうした専門性を身に着けるのではなく、一定の技能を持つ人材へ作業を委託し、自身は得意な作業に集中するという"割り切り"も有効です。

関係する法律	目的	対応	管轄省庁
航空法	航空機の航行や人・物件等の安全を確保するため	ドローンによる農薬散布は、国土交通大臣の承認が必要となる飛行形態「危険物輸送」、「物件投下」に該当。空港事務所または地方航空局への事前申請が必要	国土交通省
農薬取締法	農薬の安全かつ適正な使用のため	「無人マルチローターによる農薬の空中散布に係る安全ガイドライン」を確認し、農薬ラベルに記載されている使用方法を遵守し、農薬のドリフトが起こらないよう注意することが必要	農林水産省

出所：農林水産省資料を基に日本総合研究所作成

図表１：ドローンによる農薬散布作業に関連する法律

操作実技教習	①マルチローターおよび散布装置の操作に関すること ②マルチローターおよび散布装置の取り扱いに関すること ③その他、必要な事項
学科教習	①農林水産航空事業に関すること ②病害虫・雑草防除等マルチローター利用技術に関すること ③農薬の安全使用に関すること ④マルチローターの運用管理に関すること ⑤機体の取り扱いおよび安全使用に関すること ⑥その他、必要な事項

出所：日本総合研究所

図表２：「産業用マルチローターオペレーター技能認定」の教習内容

- メーカーや公的機関の技術指導メニューを活用し、体系的な技術習得を
- すべての農業者が自らスマート農業を使いこなす必要はない。スマート農業技術が必要な部分は外部に一任するというやり方も

55 スマート農業のこれからの技術開発戦略

更なる発展を目指すスマート農業

政府はスマート農業の技術開発のため、農水省の様々な委託研究事業や、内閣府SIPの第1期などを通して、産官学の研究機関に対してかなり手厚い支援を行ってきました。この成果として、これまで紹介してきたような自動運転農機、農業用ロボット、ドローン（モニタリング用、農作業用）、気象・土壌センサーなどが実用化され、普及が始まっています。例えば自動運転トラクターは農水省が当初描いた実用化スケジュールよりも1年ほど前倒しして商品化に至っており、これらの公的な研究開発プロジェクトは一定の成果をおさめたと評価できます。

今後のスマート農業に関する研究開発の推進策は、これまで開発してきた技術を農業者の現場へと適用していく実証事業と、更なる技術革新のための研究開発事業に分けられます。

前者は**53項**で解説したスマート農業加速化プロジェクトが代表例で、他にも都道府県の予算に基づくより地域の農業に密着した実証事業も各地で始まっています。また、総務省の地域IoT実装推進事業を用いた成功事例の横展開も行われています。本事業では全国各地でIoTの社会実装を推進するため、**図表**の通り重点的な分野を定めており、その中にスマート農業（林業、漁業を含む）が位置付けられています。本事業では、例えば富山県滑川市でコメ、同県南砺市でブドウ、石川県金沢市でナシ、北海道下川町でシイタケを対象とした取り組みが進んでいます。

続いて、スマート農業の次のイノベーションに向けた取り組みを見てみましょう。内閣府SIPの第2期では、第1期の成果をベースに、更なる開発が進んでいます。第1期のスマート農業技術は主に水田作（コメ＋転作作物）が中心でしたが、第2期では野菜や果樹へと拡充されます。また、**48項**で紹介したスマートフードチェーンの構築、WAGRIの拡張なども本事業にて進められています。農水省の個別の委託研究事業でも、AIの活用をはじめとする新たな研究開発が進められています。

また、他省庁の予算によるスマート農業関連の研究開発も盛んです。特に、これから2、3年間は総務省の5G（第5世代移動通信システム）関係での研究開発投資が盛んになるとされており、スマート農業関係の取り組みもその一環として進められる見込みです。また、文部科学省、科学技術振興機構（JST）では引き続き大学でのスマート農業関連の研究開発を推進しており、また新エネルギー・産業技術総合開発機構（NEDO）では他産業の技術を駆使した最先端の技術開発が進められるなど、より多角的なアプローチからイノベーションが推進すると考えられます。

2015～2019年あたりにスマート農業技術は驚くほどのスピードで進化を遂げましたが、現在の農水省を中心とした各省庁の政策や予算を踏まえると、あと4、5年（≒中期的な公的研究開発プログラムの1サイクル）はこの勢いが維持されると期待されます。

- プログラミング教育
- 医療情報連携ネットワーク（EHR）
- 医療・介護・健康データ利活用モデル（PHR）
- 妊娠・出産・子育て支援PHRモデル
- 子育て支援プラットフォーム
- G空間防災システム
- **スマート農業・林業・漁業**
- 地域ビジネス活性化モデル
- 観光クラウド
- 多言語音声翻訳
- オープンデータ利活用
- ビッグデータ利活用
- シェアリングエコノミー
- 働き方（テレワーク）【拠点整備型】

出所：著者作成

図表：総務省の地域IoT実装推進事業の対象分野

- SIP第2期をはじめ、更なる研究開発が進展
- 実証・普及事業と、新規の研究開発事業に大別
- 農水省以外の研究開発、実証プログラムもチェック

Column 8

MY DONKEYの活用事例①栃木県茂木町

栃木県茂木町は、日本総研と2017年9月に「ICT、IoT、AI、ロボット等を駆使した先進農業モデル及び当該モデルを核とした地域振興施策の研究」に関する覚書を締結し、MY DONKEY（DONKEY）開発への協力および実証を進めてきました。

茂木町（人口約1万2500人）は、いわゆる典型的な中山間地域で、平地では主に稲作が行われ、野菜作は山間に点在した圃場で行われています。栃木県ということもあり、イチゴの生産が多く、次いでナスが主力産品となっています。

このように小さい面積で点在した圃場や、ナスなどの果菜類などの野菜作においては、圃場の構造上、大型農機が入りづらいことが効率化における課題となります。また、農機ではなく人手で行う作業が多いため、生産者のノウハウによって単収に大きな違いが生じています。高齢化で離農が危ぶまれる中、地域の農業を守るためには、篤農家（とくのうか）のノウハウ継承が必要となっています。

こうした背景の下、茂木町では、茂木町・日本総研・栃木県農政部・栃木県農業試験場・地域農業生産者が共同で、2019年度より農水省「スマート農業技術の開発・実証プロジェクト」の一環として、DONKEYやセンサーなどを活用した新しい栽培体系の実証を行っています（**図表1**）。

実証ではナスを対象とし、DONKEYを活用した農薬散布、追肥および収穫作業の効率化を進めています（**図表2**）。今後、高齢化などで離農が進むことが想定される中で、地域の農業を守るためには、1人当たりの栽培面積を拡大する必要があります。ただ、これまでは中山間地域の農地に適した農機が多くなかったために、1人当たりの作業範囲には限界がありました。そこで、DONKEYを活用して、作業効率を高め、栽培面積の拡大を狙っています。

作業の効率化に加えて、DONKEYが取得した作業履歴データやフィールドサーバーで取得した環境データ、アグリノートで取得した作業日誌の活用を進めています。これらのデータを分析することで、生産者が、どんな時に、何を考え、何を行ったのかという工夫を見える化し、新規就農者などに伝授することが容易になります。

茂木町での実証の成果が、全国的に求められている１人当たりの栽培面積拡大と、栽培ノウハウの見える化に貢献することを目指しています。

	耕うん・施肥 畝立て	苗の定植	農薬散布	追肥	摘葉・収穫
通常の作業	・人力による施肥 ・トラクターによる耕運・畝立て	・人力による苗の運搬と定植	・動力噴霧器と大型タンク（500L）を用い、人力でホースを牽引して散布	・固形肥料の場合、人力で肥料を運搬して散布 ・液肥の場合、動噴または小型タンクを台車で運搬しかん注	・台車にコンテナを２つ積載し、台車を押しながら収穫 ・合わせて摘葉も実施
ロボットを用いた作業			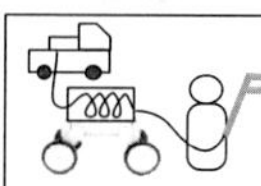 ロボットでホールリールを運搬、ホースの取回しの支援	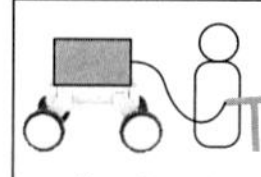 ロボットでタンクの運搬支援	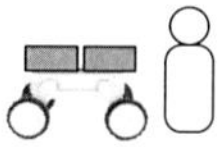 ロボットでコンテナの運搬

出所：著者作成

図表１：MY DONKEYを活用した栽培体系の実証のイメージ

出所：日本総合研究所撮影

図表２：MY DONKEYを活用したナスの収穫作業

第9章

スマート農業の追い風となるトピック

56 農業とSDGs

SDGsは人類共通の課題。農業との結びつきは広い

最近、街を歩いていたりテレビ、インターネットを見ていたりすると、17色のカラフルな円形のマークを目にすることが多くなりました。また、SDGs（エスディージーズ）という言葉自体も、どこかで耳にされた方も多くいらっしゃるのではないでしょうか。

SDGsは、Sustainable Development Goalsの頭文字を採った言葉で、日本語では「持続可能な開発目標」と表されます。2015年9月、国際連合は「誰ひとり取り残さない」を基本理念として、総会で「人類と地球の持続的な繁栄のための行動計画」を採択しました。ここには、2030年に向けて人類が解決すべき課題が、17項目の目標と169項目のターゲットに整理して示されています。これらの目標がSDGsです。それぞれの目標に見やすい色とアイコン、さらに分かりやすいフレーズが設定されていることが、直感的な理解につながっています（**図表1**）。

発展途上国に限らず先進国を含めて、すべての国々を対象として課題が設定されていることが、SDGsの特徴です。SDGsのルーツは、MDGs（Millennium Development Goals）という目標に遡ります。MDGsは、対象を新興国としていました。しかし、気候変動や産業革新などは、国を問わず人類に共通する課題です。従来の課題だけでなく新たなテーマも含むことで、SDGsはすべての人類に共通した目標として設定されたのです。

「食」を通して人類の生活に直結した営みである農業は、様々なテーマでSDGsと結びついていると言えます。農水省では、農業を含む食品産業がSDGsに取り組む意義を、①SDGsを達成するための取り組みが事業そのものと直結して成長や拡大につながる「ビジネスの発展」②SDGsの達成が将来の事業リスクを低減させる「リスクの回避」③SDGs達成への貢献がステークホルダーからの評価につながる「企業の社会的価値」―の3点で整理しています（**図表2**）。それぞれの立場から、どのようにSDGsをとらえるべきか考える際には、このような整理が参考になります。

SDGsが設定されたことで、自らの生活や仕事が人類の課題解決にどのように貢献しているか、あるいは貢献すべきかを考えるきっかけができました。農業分野でも、SDGsのテーマや意義を切り口として、更に新たな取り組みが拡大することが期待されています。

SUSTAINABLE DEVELOPMENT GOALS

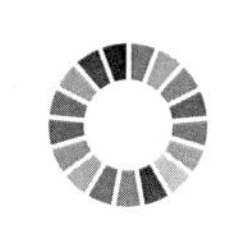

出所：国際連合広報センター

図表１：SDGsで設定された17のテーマ

①ビジネスの発展	事業を通して SDGsの達成に 近づくことができる	食品産業は、様々な栄養素を含む食品を安定供給することで、SDGsが目指す豊かで健康な社会に貢献できる産業である
②リスクの回避	SDGsが達成されないと 事業の将来が危ない	食品産業は、多くの自然資源と人的資源に支えられて成立していることから、SDGsが達成されずに環境と社会が不安定になることが、ビジネス上のリスクに直結する
③企業の社会的価値	SDGsの達成に貢献できる 企業であるか問われている	消費者、従業員、株主、取引先、自治体などのステークホルダーから「選ばれる企業」となるためには、目指すべき未来であるSDGsへの取り組みが判断材料の1つとなる

出所：農林水産省「SDGs×食品産業」ウェブサイト（ https://www.maff.go.jp/j/shokusan/sdgs/）より著者作成

図表２：食品産業がSDGsに取り組むべき３つの意義

- SDGsは、2030年までにすべての人類が解決すべき課題
- 農業は「食」を通してSDGsとの関連性が大きい。取り組みの拡大に期待
- 農水省でもSDGsに関する新たな施策を展開

気候変動によるリスク

気候変動による影響が拡大。農業は「適応策」のトップランナー

近年、世界各地で台風、大雨、熱波など、社会に災害をもたらすような気象現象の発生頻度が高まっています。それに伴い、気象災害がもたらす被害も拡大の一途を辿っています。例えば、2019年台風19号が及ぼした甚大な被害は、東日本を中心とした日本列島の広範囲に及び、農林水産業への被害額としては3,500億円にも上りました。

このような気象災害の激甚化や頻発化には、気温や降水量などの長期的な状態である「気候」が地球規模で変化しつつあり、気候変動が深く関係していると見られています。気候変動は、地球全体の気温が急速に温暖化する結果として起こる現象です（**図表1**）。そして、二酸化炭素などの温室効果ガスを人間社会が過剰に排出し続けていることが、地球温暖化の主な要因であると様々な研究で示唆されています。

将来の地球温暖化や気候変動による影響を避けるために、世界では様々な取り組みが進められています。化石燃料から再生可能エネルギーへの転換など、気候変動の原因である温室効果ガスの排出量を削減する取り組みを「緩和策」と呼びます。2015年に制定された「パリ協定」には、世界の国々が合意した緩和策の共通ルールが含まれています。

一方、気候変動による影響に備える対策を「適応策」と呼びます。これからの人間社会の振る舞いによって、将来の気候がどのように変化するかには、様々なパターンが想定されます。加えて、気象災害による影響が現実的な被害となって現れていることから、適応策の重要性が高まっています。

農業分野は、これまでも気温や降水量の変化に対応して、品種や栽培方法の改良などを進めてきました。適応策においてはトップ集団の一員です。ただし、これからの気候変動はこれまでの変化と比べて、速度や現象がまったく異なる可能性もあります。また、農業分野では気候変動の影響により、新たな作物の栽培や収量の増加など、プラスの効果が得られる可能性もあります（**図表2**）。

いま起こっている変化ではなく、将来起こりうる変化に目を向け、マイナスとなる影響には対策を講じつつ、プラスとなる影響は果敢に取り込んでいく戦略こそが、農業分野を“気候変動対策のトップランナー”とするのです。

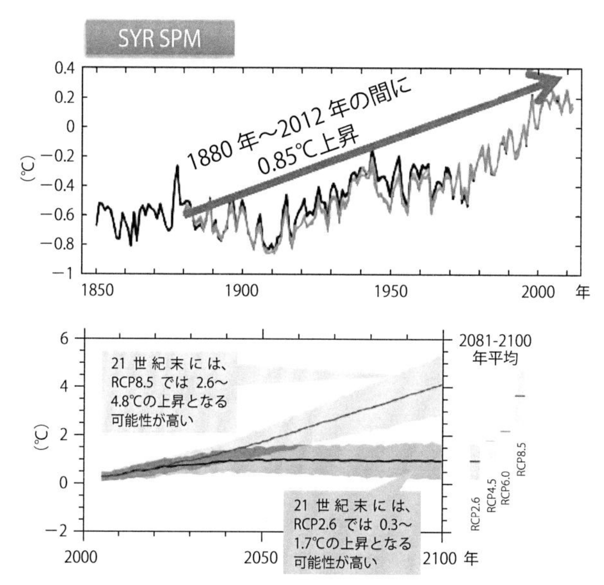

出所：IPCC リポートコミュニケーターガイドブックー基礎知識編ー

図表１：気候変動の現状と将来予測

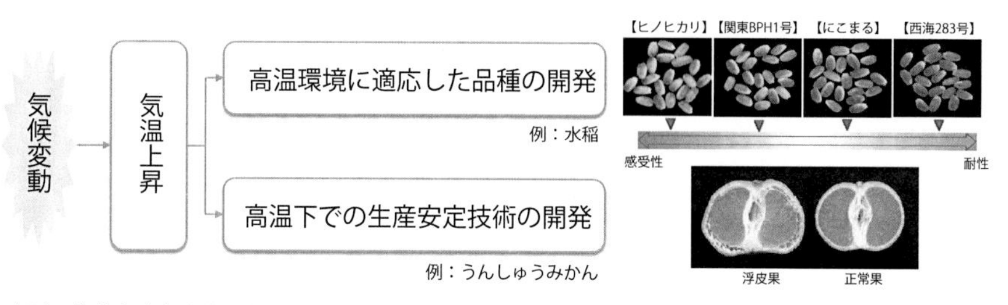

出所：農林水産省生産局農業環境対策課「農業分野における気候変動・地球温暖化対策について」より著者作成

図表２：農業分野における気候変動適応策の事例

- 近年、気候変動に関連した気象災害によって、農業への被害も拡大している
- 農業分野は、将来の気候変動による影響をマイナス・プラスの双方から評価・対策することで、今後も気候変動対策のトップを走り続けることができる

58 生物多様性と農業の両立

農業だからこそ貢献できる社会的責任

これまで農業が生物多様性に与える影響として目を向けられがちだったのは、農薬や化学肥料などの、野外に流出する恐れのある化学物質でした。もちろん、そうした物質は生物多様性減少の一因となっていますが、世界中の研究成果を基に政策提言を行う政府間組織IPBES*が2019年5月に発表した報告によれば、実は生物多様性に与えた影響が最も大きい要因は土地利用改変とされています。

人間が農業生産を始める際には、その土地の本来あった姿（例えば森林）を改変しており、周辺の生態系に影響を与える産業と位置付けられます。一方で、人の手が入ることを含めた独自の里山生態系を構築することができる産業でもあるのです。生物多様性の保全と農業の両立を考える時、どのような姿勢で臨むべきか考えてみましょう。

日本の農業を対象として考えると、生物多様性の保全の観点から農地でできることとして大きく4つ挙げられます（**図表**）。

第一に、野生品種に頼っていた品目を栽培作物化すること。これにより農業生産力が向上するとともに、自然に与える影響を減少させるという観点から有効であり、農業が本質的に志向してきたことでもあります。

第二に、耕作地を元の自然環境に復元すること。土木・建設関連業種を中心に知見が蓄積されているビオトープや環境復元技術を活用することができます。人口減少により全国のすべての荒廃農地を再度利用することが難しい現在においては、検討の余地があります。

第三に、既存の農業インフラを生態系に配慮したものに変えること。例えばコンクリート三面張りになった水路などに対して、一部に穴を開けて土壌を露出させる、魚道を作るといった工夫を凝らして半自然化させ、既存農業と両立させようという取り組みです。もちろん、投入する資材や生産手法を変えることで影響を緩和することも重要です。

第四に、周辺環境のモニタリングをすること。農地周辺で、トンボやハチが減ったという話を聞いたことがあるかもしれませんが、それではかつてはどの程度存在したのか、どのように変化してきたのかは正確には分かっていないというのが実情です。これからは、生物多様性の保全のために何に取り組んだかではなく、実際にどれだけ生物多様性の保全につながったかどうかを定量的に把握していくべきです。

海外では、農業が環境に与える影響に厳しい目が向けられるようになってきています。このままでは、海外で作られた基準を基に流通が規制されたり差別化されたりするような時代が来るかもしれません。その時、生物多様性の保全への取り組み、その成果を科学的にも示すことができる環境が整っていれば、日本独自の立場から日本産農産物の優位性を示すことにつながるでしょう。まずは国内で、産地だけではなくサプライチェーンや消費者とも取り組みの意義を共有し、農業の活性化が生物多様性保全につながる環境をつくっていく必要があります。

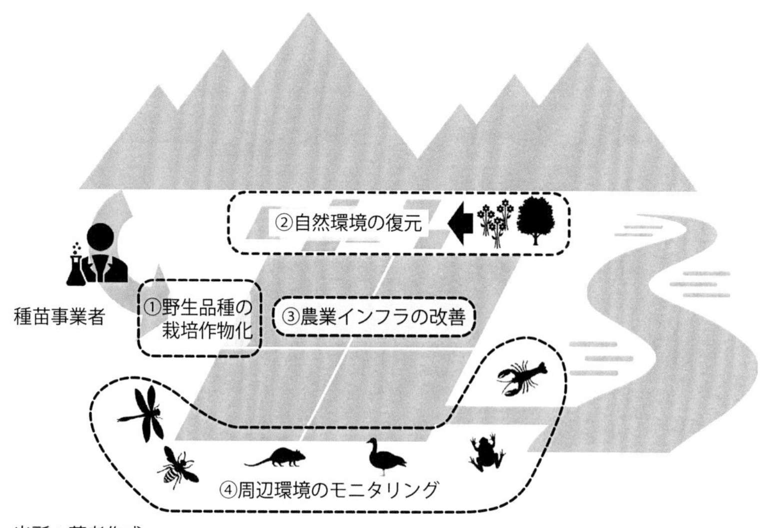

出所：著者作成

図表：農業環境における生物多様性保全の取り組みイメージ

＊ IPBES：生物多様性及び生態系サービスに関する政府間科学政策プラットフォーム。

- 農業は生物多様性に大きな影響を与える産業として認識され始めている
- 生物多様性保全のために何をしたかだけでなく、効果のモニタリングを重視しよう

59 品種開発の新技術・ゲノム編集

新技術で生まれる新品種に相応しい生産環境・管理能力を

長い農業の歴史の中、不断に行われてきた品種開発の世界で、次の革新的な技術として注目されているのがゲノム編集です。これまでの交配育種（異なる品種のかけ合わせ）などの技術よりも効率的に、寒さ暑さへの耐性や病害虫の抵抗といった、新たな形質（生物の持つ性質や特徴）を付与することができると期待されています。生産環境や消費者ニーズに合わせて開発されてきた品種は、日本の農業の強みの源泉であり、新技術を活用しながらこの強みを一層強化する必要があります。

ゲノム編集は、他の生物から遺伝子を導入する「遺伝子組み換え」とは異なり、対象となる生物の中で完結していることから従来型の育種に近い技術だとされています。ただし、新技術に対するリスクを指摘する声もあり、例えば予測した遺伝子と異なる遺伝子が変異してしまうオフターゲットが発生する可能性があります。

もしオフターゲットが発生した場合、想定外のアレルギーによる人への影響や、雑草化による環境への影響が発生する恐れもあります。もちろん、これまでの育種でも同様に影響が発生するリスクはありましたが、ゲノム編集により品種開発のスピードが早くなることで、予想外の問題が発生する頻度が高まることは懸念されます。ゲノム編集の普及においては、オフターゲットの発生する確率を、これまでの育種と比べてどの程度高く見積もるのかを科学的に考える必要があります。

国の調査では、消費者のゲノム編集に対する理解・許容が進む状況にあるとしています。他方、農業生産側には引き続き食の安全を担保する責任があります。新たな育種技術の成果を導入する生産環境（圃場、栽培施設など）にも、それに見合った管理技術が必要だと考えます。

例えば、植物工場（**43項**、**44項**参照）のような閉鎖された施設であれば、意図しない物質の環境中への拡散を抑えることが期待されます。農業のスマート化の技術は、生産過程を正確に記録することで問題が発生した原因を追跡することが可能となり、事故が起こった際の原因究明に役立ちます。また、生物多様性のモニタリングと併せて取り組むことができれば、環境への影響をこれまでにない次元で配慮することができます。

ゲノム育種で生まれた新品種を単に導入するだけでなく、データ蓄積や管理技術、独自の安全ルールなども含めた生産技術も、併せて高めていくことが求められます。

種苗事業者

ゲノム編集による
新品種の供給

農業生産現場

取り組みを強化・新規に開始

- ✓ 生産環境の高度化
- ✓ 農作物の栽培履歴管理
- ✓ 農業環境の影響把握

安心・安全な
農作物の供給

消費者

出所：著者作成

図表：ゲノム編集品種の利用に伴う生産現場態勢の強化

Point

- これまでにないスピードで品種改良が急速に進められる可能性あり
- 食味や栄養素の向上、劣悪環境での栽培などに期待
- ゲノム編集による品種普及にあわせ、生産側でも体制整備を

農業ビジネスの海外展開①
新興国での農産物需要

高所得層向けが牽引する

政府の推進する重要政策の1つに「農林水産物の輸出拡大」があります。日本の農産物を客観的に見ると、生産コストや輸送コストの高さから、輸出先の現地産や他国産に比べて価格競争力が優位にあるとは言えません。それでも輸出が増加している要因の1つは、農作物自体の品質の高さを背景に高級品や上級品として他国産と差別化されているためです。加えて、海外で日本食の人気が高まっていることも、輸出拡大に有利に働いています。2013年の「和食；日本人の伝統的な食文化」のユネスコ無形文化遺産への登録や、近年のわが国へのインバウンド旅行者の増加は、海外での日本食人気の追い風になっています。2013年に約5.5万店だった海外の日本食レストランの数は、2019年には約15.6万店へと増加しています*。

農産物の輸出先を見ると、アジア向けのシェアが2013年の66.5%から2018年には70.2%に拡大しています（**図表**）。近年のアジア各国・地域における人口増加と経済の高成長を受けて、日本の農産物の主要顧客であるアジアの高所得層の厚みが増してきたためと考えられます。アジアの主要な輸出先11カ国・地域を対象に、1人当たりの年間消費額が3万ドルを超える所得層の人口を推計すると、2018年は人口総数の2.8%の5,787万人程度と試算されます。今後を展望すると、人口増加と経済成長を背景に、アジアの高所得層人口の増加が引き続き見込まれ、2024年には2018年対比2.5倍の1億4,249万人と、人口総数の6.6%程度を占めると推計されます（**参考資料**に概要記載）。

仮に、日本産農産物への潜在需要が高所得層人口に比例するなら、同人口増加率が比較的高いベトナム、カンボジア、インドネシア、フィリピン、タイで潜在需要の大幅な拡大が期待されます。これに対し、高所得層にすでに一定の厚みがある香港、台湾、シンガポール、韓国、マレーシアの潜在需要の拡大ペースは緩やかです。中国は人口規模が大きく、高所得層人口の増加率も高いため、極めて有望な市場と言えます。

もっとも、これらの国・地域の中には、自国農業の保護や防疫などのために、農産物の輸入を厳しく制限している例が少なくありません。例えば、植物検疫条件を見ると、中国、ベトナムにはほとんどの野菜・果物が輸出できないのが実情です。拡大する新興国の需要を十分に取り込むため、政府が相手国に対し、輸入規制の緩和・撤廃に向けて積極的に働きかけており、徐々に門戸は広がってきています。

特に、大消費地である中国への輸出拡大に期待が高まっており、主要輸出産品の1つである牛肉の輸出再開に関する実務的な協議が進んでいます。

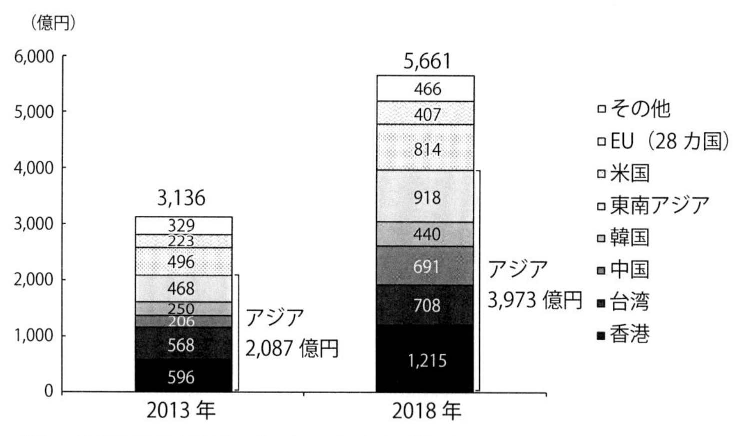

（注）アジアは農産物輸出額上位 20 位以内のアジア各国・地域の合計
出所：農林水産省「農林水産物輸出概況」

図表：わが国農産物の主な輸出先

＊海外の日本食レストランの数：農林水産省「海外における日本食レストランの数」より。

- わが国輸出に占めるアジア向けのシェアが拡大
- アジアの高所得層人口は2024年までに2.5倍になると推計
- 拡大する潜在需要を、実際にどの程度取り込めるかがポイント

61 農業ビジネスの海外展開②
農産物輸出

品目別輸出から探る成功パターン

わが国の農産物輸出が急激に伸びています。農水省「農林水産物輸出入概況」によると、農産物の輸出額は2013年以降過去最高を更新し続け、2019年には約5,877億円（林産物、水産物は含まず）と10年間で2.2倍になりました。品目別に見ると、肉や果物、米などでは主要輸出先であるアジア市場において、日本産の輸入増加率が全体の輸入増加率を上回って（弾性値が1を超えて）おり、一定の競争力が認められます（**図表**）。近年、輸出額が大きく伸びた品目は以下の通りです。

加工食品ではアルコール飲料の輸出額が、2019年までの10年間で4.3倍に増加しています。日本酒やジャパニーズウイスキーは欧米などでブームとなっており、更なる輸出拡大が期待されます。畜産品では、牛肉の輸出額が、口蹄疫や原発事故などを受けた各国の禁輸措置が解禁されてきたことなどを受けて、同7.9倍と大きく増加しました。穀物などでは、世界的な日本食人気を受けて、米（援助米を除く）が同8.5倍に増加しています。米は、香港（輸出額1位13.7億円）などのアジアに加え、米国（同3位5.4億円）を中心に欧米諸国にも輸出されています。野菜・果実などでは、生鮮品の2大品目だったリンゴとナガイモに加え、近年はブドウ、イチゴ、モモ、サツマイモがアジア向けを中心に大きく伸びています。なお、生鮮品は輸送時の鮮度管理が難しいことが多く、ほとんどがアジア向けに輸出されている点に注意が必要です。その他農産物では、日本食人気と健康志向に支えられ、緑茶が同4.3倍に増加しています。緑茶は、飲用だけでなく菓子などの材料としても使われており、米国（64.9億円）を筆頭に世界各地に広く輸出されています。

これらの品目は、いずれも高い品質によって他国産と差別化されています。その上で、品目によっては、以下のような事情が有利に働いています。

第一は、相対的に大きな市場の存在です。市場が大きければ高所得層を中心とした限られた需要でも、一定の輸出量を確保できます。例えば、ブドウは、最大の輸出先の香港での日本産のシェアが0.3%程度に過ぎませんが、全輸入量が

24.3万トン（2017年）であることから、一定の輸出量を実現できています。

第二は、輸出先の食文化・食習慣との相性です。例えば、サツマイモは香港では一般家庭の日常のおやつとして消費されており、甘い日本産が好まれる素地になっています。また、船便での鮮度管理が比較的容易であることなどから、販売価格が手頃であることも追い風になっています。

今後、海外での日本食の浸透や、新興国などでの食の多様化、健康志向が進む場合には、日本産農産物の一段の輸出機会の拡大が期待されます。農業者個人での輸出はハードルが高いですが、地域内に輸出を取りまとめる輸出業者、地域商社が存在する場合には大きなビジネスチャンスとなります。

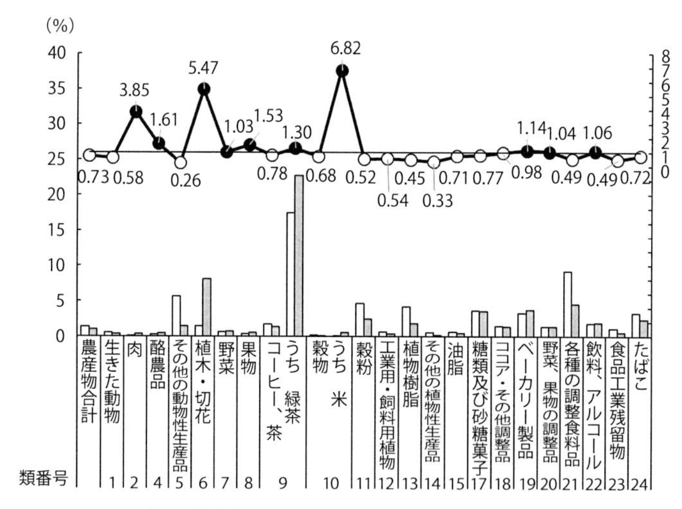

アジアの農産物輸入に占める日本産のシェア（2006 年、左目盛り）
アジアの農産物輸入に占める日本産のシェア（2016 年、左目盛り）
弾性値（日本産輸入増加率 ÷ 輸入増加率、06→16 年、右目盛り）

（注）アジアは香港、中国、韓国、タイ、ベトナム、シンガポール、カンボジア、マレーシア、フィリピン、インドネシアの合計。HS 分類の農水産物関連の第 1 類〜第 24 類のうち、主に水産物関連の「第 3 類：魚並びに甲殻類、軟体動物及びその他の水棲無脊椎動物」と「第 16 類：肉、魚又は甲殻類、軟体動物若しくはその他の水棲無脊椎動物の調製品」を除く。ただし、品目によっては一部水産物が含まれる

出所：国際連合「UN Comtrade Database」より日本総合研究所作成

図表：アジアにおけるわが国農産物の競争力

- 一部の野菜・果物、牛肉、米、緑茶などに競争力あり
- 農産物の高い品質を維持することが輸出拡大の大前提
- 輸出先国の市場規模や食習慣などとの相性も重要なポイント

62 農業ビジネスの海外展開③ 日本式農業モデル

現地生産・現地販売でより多くの海外の消費者をターゲットに

日本の農産物は海外の市場でも高く評価されており、香港、中国、台湾などのアジアを中心に輸出額も増加しています。政府でも、2019年の輸出額1兆円を目標に様々な施策を実施してきました。国際情勢の影響もあり、残念ながら2019年度の目標達成はできませんでしたが、前述の通り輸出額を大幅に伸ばすことに成功しました。

日本の農産物の魅力は付加価値の高さにあります。色、形、つや、香り、糖度の高さなど、見た目や味の品質の高さは世界トップクラスと言えます。国内で改良された優良な品種と、長い時間をかけて蓄積されてきた高度な栽培ノウハウとの組み合わせにより、ブドウ、イチゴ、モモなどの人気の農産物が生まれています。日本の和食文化の広まりも、日本の農産物の認知度を高める一因となっているのです。

しかし、農産物輸出には大きな弱点があります。国内で栽培した農産物を輸出する場合、輸送コストによる販売価格上昇や、輸送期間中の鮮度の劣化などの課題があり、輸出できる国や品目が制限されてしまうのです。世界で拡大する日本の農産物に対するニーズに応えるには、輸出にかわる新たな方法が必要となります。そこで、2008年より日本総研が提唱してきたのが現地生産・現地消費による「日本式農業モデル」です。海外の方には、"Made with Japan Model" という名称で紹介してきました。

日本式農業モデルは、日本の技術やノウハウを現地に移転し、現地にて生産・流通・加工・消費のバリューチェーンを構築する手法です（**図表**）。現地生産により、人件費や輸送費が削減されるため、輸出よりも一段安い価格を実現可能です。また、種苗・資材・農機・栽培方法といった生産面の技術・ノウハウ移転による農産物の品質向上だけでなく、コールドチェーンやトレーサビリティといった流通過程での品質管理の方法なども現地で確立することで、「安心・安全」の側面も消費者に訴求できます。特に、一定の基準をクリアした農産物を日本式農産物として認証・ブランド化することで、品質を重視する富裕層・上位中間層への商品定着につながります。なお、日本式農産物は日本産農産物とバッティングするものではなく、両者を組み合わせることで広範な「ジャパンブランド」を構築できます。

日本の農業生産技術を海外に移転する場合、これまでは指導する農業者が現地に生活拠点を移すのが一般的でした。しかし、長期間日本を離れ、言葉や文化の違う国で指導を行うことに高いハードルを感じる農業者も多く、課題となってきました。スマート農業の普及は、こうした状況を一変させることが可能です。現地にセンサーやカメラを設置してモニタリングを行い、アプリ上で作業状況などを確認すれば、日本にいながら圃場や作物の状況を把握することができます。また、ウェアラブル端末のスマートグラス（眼鏡）を利用した遠隔での栽培指導なども徐々に実用化されています。これらの技術を活用すれば、指導者の現地滞在期間を大幅に短縮できます。更に今後は、国内でのデータ収集・分析が進むことから、蓄えたノウハウを基にして、世界を舞台に活躍する農業者が増加していきます。

日本式農業バリューチェーン（一貫した品質管理＝価値の源泉）

生産	品質モニタリング	流通	小売
	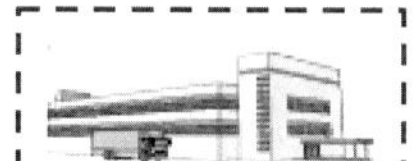		
•安全･安心な栽培技術、おいしい農産物の栽培技術の導入 •堆肥化･飼料化施設整備による資源循環促進	•農薬・化学肥料使用基準の制定 •公的モニタリングの実施	•コールドチェーンの導入 •IC タグ等を用いたトレーサビリティシステムの導入	•適切な品質管理 •ブランド価値を訴求できる POP、プライスカード等の販促手法

出所：日本総合研究所

図表：日本式農業バリューチェーンの概要

- 日本の農業技術・ノウハウを活かした現地生産・現地販売にビジネスチャンス
- 「日本産農産物」と「日本式農産物」で幅広いジャパンブランドを展開可能
- スマート農業により遠隔での指導、指示、支援も可能に

63 農村デジタルトランスフォーメーション

農業と農村を一体的にデジタル化

ここまで見てきたように、スマート農業技術は飛躍的に進歩しており、今後も更なる発展が期待されます。スマート農業技術は、新規就農者や高齢者をはじめ、誰にでもできる農業を実現します。同時に、スマート農業技術の活用により儲かる農業が実現し、職業としての魅力の向上が見込まれます。

農業のスマート化が進む一方で、農業者を受け入れる「場」としての農村に関しては、残念ながらスマート化が遅れています。農業を志す新規就農者が農村に移住しても、農村生活の難しさを理由に離農してしまうことも危惧されます。買い物が不自由、教育環境が不十分、医療・介護の体制が不十分、親族・友人と会いにくいといった声が聞かれ、農村生活にはまだまだ不便、遅れているイメージがあります。このままでは「スマート農業栄えて農村滅びる」事態になりかねません。農業と農村が持続的に発展するためには、今後は農業だけでなく、農村のスマート化が欠かせません。

農村のスマート化のためのポイントが、農村デジタルトランスフォーメーション（DX）の実現です。DX（Digital Transformation）とは2004年にスウェーデンのエリック・ストルターマン教授が提唱したもので、「センサー等のデジタルデバイスが浸透してデジタル技術と物理世界が一体化し、相互に影響し合って実世界が知的になることで、人々の生活をあらゆる面でより良い方向に変化させる」という概念です。その定義をベースに、筆者らはDXを「デジタル技術を用いて組織、ビジネスモデル、社会システム等の仕組みを変革し、新たな価値を生み出すこと」と捉えています。これまで眠っていたリソースとデジタル技術を掛け合わせ、価値を創出することでDXが実現するのです。

農村について考えると、農村にはデジタル技術と掛け合わせることで新たな価値を創出し得るリソースが豊富にあります。農業の面では稼働率の低い農機、規格外の農産物や残渣など、自然の面では豊かな自然環境や水資源、利用頻度の低い土地などが挙げられます。こうした農村が持つリソースにデジタル技術を組み合わせ、新たな価値創出を目指すのが農村DXです。農村には、農業という産業と、農業者を含む住民の生活の2つが一体化して存在しています。農業と農村生活の双方をIoTでまるごとデジタル化することが、農村DX実現のカギとなります（**図表**）。

例えば、農村の豊かな自然エネルギーを活用して発電を行い、IoT・AIによる農村の電力需要予測と組み合わせて蓄電すれば、効率的かつ環境に優しい地域エネルギーシステムが構築できます。更に、蓄電した電池の供給場所や電力量をアプリケーションで可視化し、地域住民で共有することで、地域内のスマート農機の充電などに活用するといった仕組みも考えられます。スマート農機で農業をデジタル化するとともに、農村生活に欠かせないエネルギー供給をデジタル化するモデルとして捉えられます。農村は国内の“課題先進地域”であり、DXのネタには事欠きません。

2019年5月、日本総研が設立した「農村デジタルトランスフォーメーション協議会（通称：農村DX協議会）」は、自治体や地域の農協を対象として、農村DX実現を推進する協議会です（**参考資料**に概要記載）。農村のデジタル化につながり得る情報の提供や、先進事例視察会を行っており、各地で先進的な事例創出を進めています。

農業と農村生活の一体化

農業
農村生活
活　動
農業生産
データ連携
生活サービス
インフラ
農業インフラ
生活インフラ
農村デジタルインフラ

出所：日本総合研究所

図表：農村DXのイメージ

- 農村DX＝農業と農村の一体的なデジタル化
- 課題先進地域である農村は、IoT・AI・ロボティクスなどの先進技術のビジネス創出に最適

Column 9

MY DONKEYの活用事例② サントリー

国産ブドウを100%使用した「日本ワイン」の人気が高まっています。2018年までは国内で製造されたワインはすべて「国産ワイン」と呼ばれ、中には海外から原料（ブドウ果汁、ワイン）を輸入して国内で製造したワインも多く含まれていました。しかし、2018年10月30日に施行された、「果実酒等の製法品質表示基準（国税庁告示第十八号）」により、国産原料を100%使用したワインのみが「日本ワイン」と表示できることになりました。

近年、日本ワインは国内外で高く評価されるようになり、その人気も高まってきました。それに伴い、国産の醸造用ブドウの需要が高まり、供給不足が発生しています。今後、日本ワインの消費拡大や海外展開を目指す上で原料となるブドウの生産量の確保は不可欠です。

醸造ブドウ栽培の効率化を目指し、山梨県中央市において、サントリーワインインターナショナル、日鉄ソリューションズ、日本総合研究所、ジャパンプレミアムヴィンヤード（サントリーワインインターナショナルが出資する農業法人）がコンソーシアムを組み、農水省のスマート農業技術の開発・実証プロジェクトにて実証事業を行っています。

実証プロジェクトでは、日本の伝統的な棚栽培とヨーロッパで主流となっている垣根栽培を組み合わせた「日本式醸造ぶどう栽培体系」の確立を進めています。例えば、剪定作業には高度なノウハウが必要とされますが、初心者でも作業しやすいような樹形（枝葉の伸ばし方）を採用し、また垣根のように一列に樹を並べることで機械化にも対応しやすくした新たな体系となっています。

本栽培体系では①栽培管理アプリケーション②ロボット（MY DONKEY）③点滴潅水④根圏制御栽培⑤気象・土壌センサー⑥画像認識⑦生育シミュレーションの7つの先進技術を活用しています。

このうち、DONKEYによる作業支援の1つとして農薬散布の実証を行っています。DONKEYに、走行距離に応じてホースの繰り出しや巻き取りを行うホースリールアタッチメントを取り付け、樹形に合わせた散布ノズルを接続しています。ホースリールアタッチメントにより、重いホースを引いて移動する必要がなくなり、また樹形に合わせた散布ノズルを使うことで農薬を効率的に樹や葉に付着させることができるため、農薬のロスが少なくなります。今回の実証では「日本式醸造ぶどう栽培体系」に合わせた散布ノズルを使用していますが、作物ごとにカスタマイズを加えることで幅広い品目で活用できるようになります。ロボットを自律走行モードにすれば、無人での農薬散布が可能になるため、作業時間を削減すると同時に農業者の農薬曝露を防ぐ効果も発揮します。

出所：日本総合研究所撮影

図表1：日本式醸造ぶどう栽培体系の圃場の様子

出所：日本総合研究所撮影

図表2：ホースリールアタッチメント・散布ノズルを用いた散布作業の様子

参考文献

【公的資料】

●農林水産省「食料・農業・農村白書」
●農林水産省「スマート農業の展開について」
●農林水産省「スマート農業技術カタログ」
●農林水産省「スマート農業実証プロジェクト パンフレット」
●農林水産省「農業新技術　製品・サービス集」
●農林水産省「農業新技術活用事例（令和元年度調査）」
●農林水産省「スマート農業取組事例（平成30年度調査）」
●農林水産省「農業技術の基本指針（令和元年改定）」
●農林水産省「農業機械の自動走行に関する安全性確保ガイドライン」
●農業データ連携基盤協議会「農業データ連携基盤の活用事例の紹介」
●農林水産省「農業用ドローンカタログ」
●農林水産省「農業用ドローンの普及に向けて（農業用ドローン普及計画）」
●農林水産省「ドローンで農薬散布を行うために」
●農林水産省「農業分野におけるデータ契約ガイドライン」
●農林水産省「農業分野におけるAIの利用に関する契約ガイドライン（案）」
●農林水産省「農業技術総合ポータルサイト」
https://www.maff.go.jp/j/kanbo/kihyo03/gityo/gijutsu_portal/top.html

【日本総合研究所著書】

●三輪泰史、井熊均、木通秀樹「アグリカルチャー4.0の時代　農村DX革命」、日刊工業新聞社、2019
●三輪泰史、井熊均、木通秀樹「IoTが拓く次世代農業　アグリカルチャー4.0の時代」、日刊工業新聞社、2016
●三輪泰史「次世代農業ビジネス経営　成功のための“付加価値戦略”」、日刊工業新聞社、2015
●井熊均、三輪泰史「植物工場経営　明暗をわける戦略とビジネスモデル」、日刊工業新聞社、2014

参考資料

それぞれの項目のページで記載できなかった資料をまとめました。資料ごとに参考となる項目番号を加えましたので、あわせてご覧ください。

<table>
<tr><th rowspan="2"></th><th rowspan="2">個人</th><th colspan="2">法人</th></tr>
<tr><th>リース</th><th>所有</th></tr>
<tr><td>前提</td><td colspan="3">1. 農地のすべてを効率的に利用すること
＊機械や労働力を適切に利用するための営農計画を持っていること
2. 必要な農作業に常時従事すること
＊農地の取得者が必要な農作業に常時従事（原則、年間150日以上）すること
3. 一定の面積を経営すること
＊原則50a、北海道2ha、但し地域によって農業委員会が引き下げることが可能
4. 周辺の農地利用に支障がないこと
＊水利調整に参加しない、無農薬栽培の取組が行われている地域で農薬を使用するなどの行為をしないこと</td></tr>
<tr><td>農地確保の方法</td><td>リース（賃貸）、所有いずれも可能</td><td>以下の条件を満たせば可能
・賃借契約に解除条件が付されていること
・地域における適切な役割分担のもとに農業を行うこと
・業務執行役員又は重要な使用人が1人以上農業に常時従事すること
＊ここでいう「農業」は農作業だけでなくマーケティング等経営や企画に関するものであっても可</td><td>農地所有適格法人の要件を満たせば可能
1. 法人形態：株式会社（公開会社でないもの）、農事組合法人、持ち分会社
2. 事業内容：売上高の過半が農業（自ら生産した農産物の加工・販売等の関連事業を含む）
3. 議決権：農業関係者が総議決権の過半を占めること
4. 役員：
・役員の過半が農業に常時従事する構成員であること
・役員又は重要な使用人が1人以上農作業に従事すること</td></tr>
</table>

農地確保の方法（第2章10項）

受入れ見込み数 (5年間の最大値)	・36,500人
人材の基準	［技能試験］※技能実習２号修了者は免除 農業技能測定試験 ①耕種農業全般 ②畜産農業全般 ・実施主体は（一社）全国農業会議所 ・2019年秋以降に実施（中国、ベトナム、フィリピン、インドネシア、カンボジア、タイ、ミャンマーを検討中）
	［日本語能力試験］※技能実習２号修了者は免除 国際交流基金日本語基礎テスト等 ・実施主体は（独）国際交流基金 ・実施国・開催時期等については（独）国際交流基金のHPにて公表
受入れの 停止・再開	農林水産大臣は、 ・人手不足状況の変化に応じて運用方針の見直しの検討等を行う ・受入れ見込み数を超えそうな場合は、法務大臣に受入れ停止を求める ・受入れ停止後、再び必要性が生じた場合は、法務大臣に受入れ再開を求める
業務	①耕種農業全般（栽培管理、集出荷・選別等※栽培管理の業務が含まれている必要） ②畜産農業全般（飼養管理、集出荷・選別等※飼養管理の業務が含まれている必要） 日本人が通常従事している関連業務（農畜産物の製造・加工、運搬、販売の作業、冬場の除雪作業等）に付随的に従事することも可能
受入れ機関等の 条件	①「農業特定技能協議会」に参加し、必要な協力を行うこと ②過去5年以内に労働者（技能実習生を含む）を少なくとも6カ月以上継続して雇用した経験があること　等
雇用形態	①直接雇用 ②労働者派遣（派遣事業者は、農協、農協出資法人、特区事業を実施している事業者等を想定）

出所：農林水産省「農業分野における新たな外国人材の受入れについて」

農業分野における特定技能による受入れの概要（第2章12項）

（単位：ha、万m^2、万円）

			2005	2010	2015）
水田作		水田作作付延べ面積	1.3	1.5	1.7
		農業所得	42.4	47.5	52.6
	10ha以上	水田作作付延べ面積	17.7	19.1	20.9
		農業所得	783.9	909.5	947.6
施設野菜作		施設野菜作作付延べ面積	0.4	0.4	0.4
		農業所得	375.3	440.5	496.6
果樹作		果樹植栽面積	0.9	1.0	1.0
		農業所得	169.6	172.3	207.9
	3ha以上	果樹植栽面積	3.7	3.9	4.1
		農業所得	511.7	474.5	700.9
酪農		搾乳牛月平均飼養頭数	37.0	41.6	44.2
		農業所得	752.6	720.0	1,054.2
肥育牛		肥育牛月平均飼養頭数	90.0	96.9	103.2
		農業所得	769.3	391.2	1,243.2

資料：農林水産省［農業経営統計調査　営農類型別経営統計（個別経営）」

注：1）1経営体当たり

2）営農類型は、最も多い農業生産物販売収入により区分した分類。なお、水田作は、稲、麦類、雑穀、豆類、いも類、工芸農作物の販売収入のうち、水田で作付けした農業生産物販売収入

出所：農林水産省ホームページ

個別経営における主な営農類型別の農業所得（第6章42項）

（2020年2月現在）

企業名	工場名	設立年	場所	生産物	規模	生産能力
MGCファーミックス株式会社	QOLイノベーションセンター白河	2019	福島県	リーフレタスやケールなど7種類の葉物野菜	工場延床面積：約8,000m^2	32,000株/日（80g/1株）
株式会社スプレッド	テクノファームけいはんな	2018	京都府	4種類のリーフレタス	敷地面積：11,550m^2 建物面積：3,950m^2 鉄骨2階建て（研究施設含む）	30,000株/日
合同会社アグリード	アグリード君津工場	2018	千葉県	グリーンリーフ、フリルレタス、サラダ小松菜、赤水菜、クレソン	敷地面積：約1,900坪 工場面積：延床約960坪 鉄骨2階建て	1.7t/日
株式会社野菜工房たけはら	野菜工房たけはら	2018	広島県	業務用リーフレタス	建築面積：2,730m^2 栽培棚：22レーン×7段	13,000株/日
株式会社福井和郷	ファーム＆ファクトリー若狭	2017	福井県	バジル、フリルレタス、プリーツレタス他	生産エリア：3,000m^2	27,000株/日
株式会社木田屋商店	グリーンランド富士工場第3プラント	2017	静岡県		本圃：1,800m^2 生育ライン：10列×10段（28m） 育苗ライン：10列×2段（28m）	1,600kg/日（80g換算 約2万株）
	木田屋第2プラント	2017	福井県		本圃：800m^2 生育ライン：6列×9段（21m） 育苗ライン：1列×9段（10m）	600kg/日（80g換算 約7,500株）
	小浜植物工場グリーンランド第1プラント	2016	福井県	フリルレタス、プリーツレタス、グリーンリーフ、バジル、業務用フリルレタス	本圃：1,300m^2 育苗施設：500m^2 生育ライン：18列×12段（13m） 育苗ライン：7列×4段（12m）	800kg/日（80g換算 約1万株）
株式会社NOUMANN	NOUMANN美浜町植物工場	2016	福井県	結球レタス、フリルレタス、プリーツレタス他	生産エリア：1,900m^2	5,000株/日
バイテックグリーンエナジー株式会社	株式会社バイテックファーム七尾中能登	2017	石川県	業務用大株リーフレタス	建築面積：2,993m^2 作付面積：約7,000m^2	17,000株/日
	株式会社バイテックファーム薩摩川内	2017	鹿児島県	結球レタス、リーフレタス	建築面積：2,540m^2 作付面積：6,328m^2	15,000株/日
	株式会社バイテックファーム大館	2016	秋田県	フリルレタス	建築面積：1,882m^2 作付面積：約4,320m^2	10,000万株/日
	株式会社バイテックファーム七尾	2016	石川県	リーフレタス	建築面積：2,200m^2 作付面積：約7,000m^2	8,100株/日
オリックス農業株式会社	養父レタス工場	2014	兵庫県	リーフレタス	建築面積（地上2階建）：約482m^2 栽培棚：11列×8段（7m）	3,000株/日
株式会社KiMiDoRi	川内高原農産物栽培工場	2013	福島県	フリルレタス、バジル、ルッコラ、イタリアンパセリ	敷地面積：5,009m^2 建築面積：2,467m^2 栽培面積：4,324m^2 10m×2段　8基	8,000株/日

出所：各種報道や発表資料より日本総合研究所作成

人工光型植物工場の例（第6章43項）

	2018年		2024年		
	（万人）	総人口に占める割合	（万人）	増加率（倍）	総人口に占める割合
香港	322	43.3%	409	1.3	52.9%
台湾	780	32.9%	1,169	1.5	48.7%
中国	2,516	1.8%	8,033	3.2	5.6%
韓国	887	17.3%	1,536	1.7	29.5%
タイ	238	3.4%	529	2.2	7.6%
ベトナム	9	0.1%	77	9.0	0.8%
シンガポール	216	37.3%	290	1.3	47.4%
カンボジア	1	0.1%	7	5.5	0.4%
マレーシア	457	14.3%	844	1.8	24.4%
フィリピン	133	1.3%	443	3.3	3.8%
インドネシア	228	0.9%	913	4.0	3.2%
アジア合計	5,787	2.8%	14,249	2.5	6.6%
〈参考〉日本	3,316	26.1%	4,369	1.3	35.0%

（注）各国の人口分布に対数正規分布を想定した試算値。１人当たりの消費額は購買力平価で換算

出所：国際連合「World Population Prospects」、IMF「World Economic Outlook Database」、CIA「The World Factbook」より著者作成

アジア主要輸出先の１人当たり年間消費額３万ドル超の人口の推計（第９章60項）

■団体概要

団体名称	農村デジタルトランスフォーメーション協議会
幹事	株式会社日本総合研究所
代表者	株式会社日本総合研究所 創発戦略センター エクスパート 三輪 泰史
会員	原則として都道府県および市町村とする （ただし、中央省庁、農業関連団体を会員と認める場合もある）
入会費・会費	無料（ただし、交通費、宿泊費は会員の負担とする）

■主な活動内容

コラム連載 （隔月）	・日本総研の研究員が執筆するスマート農業技術・デジタルトランスフォーメーションに関するコラムの配信
研究会 （年２回）	・日本総研の研究員または外部有識者による講演 ・会員間の意見交換会の実施
先進事例視察会 （不定期）	・スマート農業技術、デジタルトランスフォーメーションを駆使した先進的な取り組みを行う農業者、自治体の視察 ・先進技術の開発を行う企業および実証現場の視察　等
ネットワーク構築 （不定期）	・会員が開催するイベント・実証試験等参加募集の案内 ・先進技術を有する企業の紹介等

出所：日本総合研究所

農村DX協議会の概要（第９章63項）

⌘索　引

英　数

あ

か

さ

＜著者略歴＞

三輪　泰史（みわ　やすふみ）
株式会社日本総合研究所 創発戦略センター エクスパート
広島県福山市出身。東京大学農学部国際開発農学専修卒業。東京大学大学院農学生命科学研究科農学国際専攻修士課程修了
農林水産省の食料・農業・農村政策審議会委員、国立研究開発法人農業・食品産業技術総合研究機構（農研機構）アドバイザリーボード委員長をはじめ、農林水産省、内閣府、経済産業省、新エネルギー・産業技術総合開発機構などの公的委員を歴任
＜主な著書＞「アグリカルチャー4.0の時代 農村DX革命」「IoTが拓く次世代農業 ―アグリカルチャー4.0の時代―」「植物工場経営」「グローバル農業ビジネス」「図解次世代農業ビジネス」（共著、日刊工業新聞社）、「次世代農業ビジネス経営」（日刊工業新聞社）、「甦る農業―セミプレミアム農産物と流通改革が農業を救う」（共著、学陽書房）ほか

各務　友規（かがみ　ゆうき）
株式会社日本総合研究所 創発戦略センター マネジャー
東京都出身。北海道大学農学部卒業（新渡戸賞、クラーク賞受賞、農学部卒業生総代）
MY DONKEYプロジェクトの統括を務めるとともに、農業・食品・化学分野を中心に新規事業企画立案、戦略策定・実行支援、事業採算性評価、M&Aなどのプロジェクトに従事

今泉　翔一朗（いまいずみ　しょういちろう）
株式会社日本総合研究所 創発戦略センター　コンサルタント
愛知県出身。名古屋大学大学院工学研究科修士課程修了
栃木県茂木町まち・ひと・しごと創生推進委員を務めるほか、 農業分野の調査・コンサルティングを担当

前田 佳栄（まえだ よしえ）

株式会社日本総合研究所 創発戦略センター コンサルタント

富山県南砺市出身。東京大学農学部生命化学・工学専修卒業。東京大学大学院農学生命科学研究科応用生命工学専攻修士課程修了（農学生命科学研究科修士課程総代、研究科長賞受賞）

スマート農業に関する連載を行うほか、農業分野の調査・コンサルティングを担当

多田 理紗子（ただ りさこ）

株式会社日本総合研究所 創発戦略センター

新潟県出身。京都大学農学部食料・環境経済学科卒業。京都大学大学院農学研究科生物資源経済学専攻修了

農業分野の調査・コンサルティングを担当

新美 陽大（にいみ たかはる）

株式会社日本総合研究所 創発戦略センター スペシャリスト

愛知県名古屋市出身。京都大学理学部卒業。東京大学大学院新領域創成科学研究科自然環境コース修了

エネルギー事業会社を経て、2015年より現職。気象予報士。日本学術会議公開シンポジウム「気候変動適応に関する農業分野（民間）の取り組み」など、気候変動・エネルギー分野にて多数の寄稿・講演実績あり

蜂屋 勝弘（はちや かつひろ）

株式会社日本総合研究所 調査部　主任研究員

大阪府池田市出身。大阪大学経済学部卒業

国地方の財政・税制、公共経済、農業の成長産業化に関する調査・政策提言を行う。内閣府に出向し、経済財政諮問会議関連業務、政策立案に参画

＜主な著書＞「税制・社会保障の基本構想」（共著、日本評論社）、「税制改革のグランドデザイン」（共著、生産性出版）ほか

山本　大介（やまもと　だいすけ）

株式会社日本総合研究所　リサーチ・コンサルティング部門　シニアマネジャー
奈良県出身。京都大学大学院工学研究科機械物理工学専攻修了
フラワー需給マッチング協議会アドバイザーのほか、15年にわたり食農分野の調査・コンサルティングプロジェクトに多数従事

古賀　啓一（こが　けいいち）

株式会社日本総合研究所 リサーチ・コンサルティング部門　マネジャー
兵庫県神戸市出身。京都大学総合人間学部卒業。京都大学大学院人間・環境学研究科相関環境学専攻生物環境動態論分野修了
農業分野の先端技術に関する審査委員のほか、農業、生物多様性分野のコンサルティング実績多数
＜主な著書＞「図解次世代農業ビジネス」（共著、日刊工業新聞社）ほか

石田　健太（いしだ　けんた）

株式会社日本総合研究所 リサーチ・コンサルティング部門 マネジャー
埼玉県春日部市出身。東京理科大学工学部経営工学科卒。東京海洋大学大学院海洋科学技術研究科食品流通安全管理専攻修了
米国系コンサルティングファームを経て、日本総合研究所に入社。小売・消費財メーカー、総合・専門商社などを中心に経営戦略策定、ビッグデータ分析、オムニチャネル戦略策定・実行支援、デジタルトランスフォーメーション推進などのコンサルティングに従事。生鮮卸売市場改革・デジタル推進のテーマについて講演多数

猪尾　祥一（いのお　しょういち）

株式会社日本総合研究所 リサーチ・コンサルティング部門 コンサルタント
千葉県佐倉市出身。東京大学経済学部経済学科卒業。東京大学大学院農学生命科学研究科農業・資源経済学専攻修士課程修了
株式会社日本政策金融公庫（農林水産事業、国民生活事業）を経て現職

図解よくわかるスマート農業
デジタル化が実現する儲かる農業

NDC610

2020年3月27日　初版第1刷発行
2023年12月27日　初版第9刷発行

（定価はカバーに表示してあります）

©編著者　三輪　泰史
著　者　日本総合研究所研究員
発行者　井水　治博
発行所　日刊工業新聞社
〒103-8548　東京都中央区日本橋小網町14-1
電　話　書籍編集部　03（5644）7490
販売・管理部　03（5644）7403
FAX　03（5644）7400
振替口座　00190-2-186076
URL　https://pub.nikkan.co.jp/
e-mail　info_shuppan@nikkan.tech
印刷・製本　新日本印刷㈱（POD1）

ISBN 978-4-526-08047-0